上帝如何设计世界

爱因斯坦的困惑

张天蓉◎著

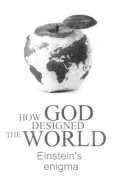

HOW **GOD**
DESIGNED
THE **WORLD**

Einstein's
enigma

U0231986

清华大学出版社
北京

本书封面贴有清华大学出版社防伪标签，无标签者不得销售。

版权所有，侵权必究。侵权举报电话：010-62782989　13701121933

图书在版编目（CIP）数据

上帝如何设计世界：爱因斯坦的困惑/张天蓉著. --北京：清华大学出版社，
2015（2019.6 重印）

ISBN 978-7-302-39609-3

Ⅰ．①上… Ⅱ．①张… Ⅲ．①物理学－普及读物 ②数学－普及读物
Ⅳ．①O4-49 ②O1-49

中国版本图书馆 CIP 数据核字（2015）第 049767 号

责任编辑：胡洪涛　王　华
封面设计：蔡小波
责任校对：王淑云
责任印制：丛怀宇

出版发行：清华大学出版社
　　　　网　　　址：http://www.tup.com.cn，http://www.wqbook.com
　　　　地　　　址：北京清华大学学研大厦 A 座　邮编：100084
　　　　社 总 机：010-62770175　　　　邮购：010-62786544
　　　　投稿与读者服务：010-62776969，c-service@tup.tsinghua.edu.cn
　　　　质量反馈：010-62772015，zhiliang@tup.tsinghua.edu.cn
印 装 者：河北远涛彩色印刷有限公司
经　　　销：全国新华书店
开　　　本：148mm×210mm　印张：7　彩插：2　字数：157 千字
版　　　次：2015 年 6 月第 1 版　　　印次：2019 年 6 月第 7 次印刷
定　　　价：35.00 元

产品编号：062302-02

　　当你仰望繁星密布的夜空、环顾神秘莫测的
宇宙,你可能会提出种种疑问:星星到底有多少?
宇宙究竟有多大? 实际上,从远古时代起,人类就
开始了对天体运行及宇宙起源的探索和思考,无
论是西方旧约中的上帝创世纪,还是中国神话中
的盘古开天地,都将天地宇宙描述成处于永恒的
运动和变化之中。 即使后来人类掌握了科学这个
锐利的武器,也仍然赋予宇宙以动态的图像,而非
静止和一成不变的。 既然宇宙处于不停的变化之
中,那么,它变化的历史如何? 它是否有一个起点
和终点? 它是如何演化成我们现在所观察到的这

种形态的？它未来的命运如何？对这一大串问题，也许每种宗教，甚至每个人都有自己的说法。但我们更感兴趣的是，科学家们如何回答这些问题，更为具体地说，物理学家们是如何回答这些问题的？

科学是人类走向文明过程中创造的奇迹，是古往今来成百上千个科学家心血和智慧的结晶。科学研究探索的是万物之本。万物之本是什么？从古到今，不同学派给出了不同答案。毕达哥拉斯认为"万物皆数"。但万物皆由物质构成，万物之本应与研究物质的物理学有关。物理学是"究物之理"的科学，探讨研究从无限小的微观世界到无限大的宏观世界，担当了"上穷碧落下黄泉"的艰巨任务。

在物理学中，有一个伟大的物理学家的名字，写在了每一个现代基础物理理论的篇章中，他就是爱因斯坦。

其实，何止是物理学。在伟大的科学巨匠中，爱因斯坦在公众中的影响力无人能比，他的头像连小学生都认识，他的名字家喻户晓。如今，这位伟人离开这个世界已经超过半个世纪了，他所作出的几项最杰出的贡献，包括1905年提出光电效应和狭义相对论，以及1915年建立的广义相对论，也都已经是一百年之前的故事了。

尽管每个人都知道爱因斯坦的名字，但却未必了解他的工作。就此而言，爱因斯坦和牛顿在公众心目中的印象不一样。经典的牛顿力学实例，在日常生活中随处可见：当你坐在加速运动的汽车上，能感觉到力的作用，你知道如何运用牛顿第二定律来计算加速度和力的关系；当你和对面跑过来的朋友撞在一起，大家都感觉伤害痛楚时，你会用牛顿第三定律，即作用力等于反作用力来解释这个现象，因为那是中学物理的内容。但如果问你，爱因斯坦对物理学的贡献到底是些什么呢？那就不是人人都能说出一个所以然的了。也许很多人都能用一个词汇来回答这个问题：相对论啊。然而，相对论又是什么呢？爱因斯坦为什么想到了要创立两个相对论呢？相对论在物理学中以及各门科学、各行各业中有哪些应用？这两个理论与我们的现实生活能关联起来吗？大多数人可能就难以回答了。

1905 年被称为爱因斯坦的奇迹年，这一年内他发表了 6 篇有影响力的论文，分别引领了物理学三个不同领域中的研究方向。其中的狭义相对论彻底改变了人们的经典时空观；有关光电效应的文章揭开了量子革命的篇章；另一篇则从分子运动的理论解释了布朗运动，对统计物理有所贡献。

100 年前的 1915 年，爱因斯坦提出了他最引为得意的广义相对论，这个理论至今仍然是天体物理及宇宙学中建立天体星系运动模型以及宇宙演化模型的理论基础。近年来该领域中热门研究的大爆炸理论、暗物质、暗能量等，也都与此有关。

爱因斯坦曾经说过一句名言："我想知道上帝是如何设计这个世界的。"

我们不妨将上文中的"上帝"理解为"大自然"。因此，爱因斯坦提出了物理学，也是科学研究的一个最基本问题：大自然的秘密是什么？大自然的脉搏如何跳动？大自然在造物时遵循哪些基本原理？

上帝是如何设计这个世界的？这是爱因斯坦的困惑，也是对科学感兴趣的广大读者的困惑。中国是数学物理大国，喜欢思考物理中"大"问题的成年人和青少年都不少。中国人从古时候开始，就对造物主的秘密、宇宙的起源等问题潜心探索、追寻不止。本书的目的便是向广大读者介绍两个相对论的基本概念，带领读者探索、了解爱因斯坦建立相对论的大概思路历程。此外,作为相对论的应用,也简单介绍与这两个理论相关的天文、宇宙学方面的最新进展。使读者体会到科学家"认识自然规律、探索大自然造物秘密"的科学方法,从而启发公众对科学的兴趣和思考。

令人感到十分遗憾的是,爱因斯坦将他天才的后半生贡献给了一项前途渺茫的研究。他一直在理论物理中寻找一条统一之路,想要将所有的物质及各种基本的相互作用囊括在一个单一的理论框架中,那是爱因斯坦最后的梦想。尽管爱因斯坦为此奋斗了几十年都没有获得成功,但这个大统一之梦已经深深扎根在理论物理学家们的心中,一直是理论物理学研究的中心问题之一。

在这本小小的通俗读物中,作者首先用短短的篇幅,简单概括了牛顿力学及麦克斯韦电磁理论。然后,从经典理论碰到的困难引出爱因斯坦建立相对论的思考和历史过程。第 1 章主要介绍狭义相对论的基本概念。第 2 章介绍广义相对论少不了的数学工具:黎曼几何。对此,作者尽量少用公式,而是从几何直观和物理应用的意义上来引进黎曼几何,并重点突出内蕴几何思想的重要性。作者在第 3 章中叙述解释了几个狭义相对论引发的有趣佯谬及质能关系式。第 4 章介绍广义相对论的基本思想,第 5 章则是主要介绍了宇宙学中的大爆炸理论、暗物质、暗能量等假设的来龙去脉、最新研究状况等。本书使用轻松有趣的语言,配以精美的图片,由物理专业人士写成,适合各个领域的大学本科生、研究生、对科学感兴趣的高中生,以及所有渴求科学知识的大众阅读。

作者在书中尽量避免使用技术术语和令人心烦的数学公式,而代之以优美流畅、引人入胜的文笔,并用图解的方法,来介绍看起来深奥的物理理论。因为公式都可以在相关的教科书里找到,而科普书不同于教科书,它的目的是激发读者对该学科的兴趣,进而也带领读者轻松入门。实际上,很多学生所缺少的不是公式和运用公式来进行计算的技巧,而是建立公式和理论时科学家们的思路历程。科学家们是如何发现问题的?他们历经了一些什么样的困难?他们又是如何想到了解决问题的方法的?因此,本书将少量的公式和推导放到了附录中。并且,写出这些式子的重点也不是公式本身,而是通过叙述公式背后的故事,探讨发现自然规律的历史,使读者从看起来枯燥无味的数学中发现其背后隐藏着的生动灵感和科学精神。

此外,本书虽然是一本科普书,却着眼于追寻自然和宇宙的本质问题,因而也包含一些具有真正学术价值的材料,涉及许多奋战在科研前线的科学家正在思考、解决的问题。而且处处以物理学理论为根基,令一般读者感到别开生面、值得一读,也会令专业人士感到分外亲切,轻松了解或重温黎曼几何、相对论这些听起来神秘高深的理论。

本书也将介绍与爱因斯坦相对论思想有关的几个基本物理学原理:最小作用量原理、对称性原理、相对性原理、等效原理等。广义而言,这几个基本原理已经超越了物理原理的范围,可以说成是大自然的基本原理,也许这就是爱因斯坦所追求的"上帝造物"的部分秘密?当读完本书之后,可能对爱因斯坦的疑问,你能得出一些自己的新理解和新结论。

一百年过去了,伟人是否后继有人?理论物理、天文及宇宙学路向何方?这些不是容易回答的问题。然而,广义相对论建立后的这段历史时期中,为了继承这位先辈的衣钵,众多科学家们始终在努力奋斗。

况且,谁能说本书的读者中,就没有将来的第二个爱因斯坦呢?

目 录
Who will save
Moor's law?

1 **时间空间之谜** // 001

1. 牛顿点亮的火把 // 003

2. 电磁交响曲 // 010

3. 寻找以太 // 016

4. 相对性原理 // 027

5. 什么是"同时"？// 030

6. 万有引力 // 032

7. 量子革命 // 039

2 **黎曼几何** // 047

1. 几何几何 // 049

2. 迷人的曲线和曲面 // 054

3. 爬虫的几何 // 061

4. 爱因斯坦和数学 // 066

5. 矢量的平行移动 // 073

6. 阿扁的世界 // 077

7. 测地线和曲率张量 // 083

3 相对论佯谬知多少 // 091

1. 双生子佯谬 // 093

2. 同时的相对性 // 097

3. 闵可夫斯基时空中的固有时 // 101

4. 四维时空 // 104

5. 匀加速参考系上的 Alice // 111

6. 飞船佯谬 // 116

7. 质能关系 $E= mc^2$ // 119

4 引力和弯曲时空 // 123

1. 等效原理 // 125

2. 圆盘佯谬和场方程 // 132

3. 实验证实 // 137

4. 时空中的奇点 // 141

5. 霍金辐射 // 145

6. 黑洞战争 // 148

5 茫茫宇宙 // 153

1. 宇宙学常数的故事 // 155

2. 大爆炸模型 // 163

3. 永不消失的电波 // 170

4. 探索引力波 // 174

5. 暗物质 // 179

6. 引力透镜 // 184

7. 暗能量 // 188

8. 路在何方？ // 194

附录 // 197

附录 A　伽利略变换和洛伦兹变换 // 197

附录 B　张量 // 198

附录 C　度规张量 // 201

附录 D　协变导数 // 202

附录 E　质能关系简单推导 // 204

附录 F　用飞船 1 号的坐标系解释双生子佯谬 // 205

参考文献 // 207

1

时间空间之谜

1. 牛顿点亮的火把

牛顿和爱因斯坦是物理学史上的两个丰碑。物理学终究不同于数学。在数学中,欧几里得可以根据 5 条公理建立欧几里得几何。数学家们将其中的平行共设作些许改变,又建立了双曲几何或球面几何。物理理论的建立却需要以实验观察为基础。实验观察都是在一定的坐标系,或者说一定的"参考系"下面进行的。参考系变化时,观察到的物理规律会变化吗?哪些会变化?哪些不会变化?牛顿和爱因斯坦都是在这些问题上思考和做文章,才发展出各种物理理论。

回顾物理学史,科学家为了科学而战斗甚至献身的例子有不少。哥白尼在垂危之际才敢于发表和承认他的日心说理论;伽利略晚年时也因为坚持科学而受到罗马天主教会的迫害,被教会关押过;最令人惊心动魄的莫过于布鲁诺为了反对地心说而被教会活活烧死的事实。这几位物理学家所坚持和捍卫的是什么？从物理的角度看，实质上也都与物理观察所依赖的参考系有关。

　　人类有了文化、会思考之后，便认定自己所在的世界——地球，应该是宇宙的中心。这似乎是顺理成章、理所当然的。这种以人为本的原始观念，也与当时粗略的天文观测结果相符合。太阳、星星和月亮等，每天周而复始地东升西落，很容易使人得出"一切都围着地球这个宇宙中心而旋转"的结论。当然，人们对天象的这点直观认识还建立不了科学。地心说是在公元 2 世纪时被希腊著名天文学家托勒密（Claudius Ptolemacus）根据观察资料而建立和完善的数学物理模型。换言之，从物理的角度看，地心说认为地球是一个坚实、稳定、绝对静止的参考系。

　　中国古时候对宇宙也有类似的认知。以东汉天文学家张衡为代表的"浑天说"所描述的"浑天如鸡子。天体圆如弹丸，地如鸡子中黄，孤居于天内"便是一个地球居于世界中心的"鸡蛋宇宙"图景。追溯历史，几乎在每一项科学理论的发展过程中，中国人都能找出古人的某种说法，或这样说过或那样说过，或表达清晰或表达模糊。总之，往往是在远远早于西方有所发现的时候，中国就有某某古人预测或发现了某个科学理论（之萌芽）。正如有些人说的：易经中蕴含了二进制，乌龟背上驮着现代数学；更有甚者要将佛教与现代物理扯上关系；还有人断言：算命卜卦的法则里面，也包含了很大的科学道理。笔者并不想与持这些观点的人辩论，但实在不希望看到"科学"这个名字被随意使用。事实上，中国古代也的确有过几位杰出的科学家。但令人深思的是，西方古人的原始想法，往往能发展成某种学说,并由后人继续研究而终成正果,进而使科学成为西方文化中的一部分。但科学却并不是中国文化的一部分,反之,某些"博大精深"中充斥着大量不科学、伪科学、反科学的成分。这种风气延续至今,在"信仰自由"等外衣的掩盖下,似乎还有过之而无不及。其实,与其对我们祖先的智慧津津乐道,不如致力于学习和宣传真正的科学,摒弃伪科学,让科学的思想、理念和方法真正融入到中国文化中。

托勒密的地心说[1]统治欧洲达 1000 多年之久,直到 16 世纪初波兰天文学家哥白尼(Nicolaus Copernicus)提出日心说[2]为止。

哥白尼将宇宙的中心从地球移到了太阳。并非他故意要与教廷的宗教思想作对,而是从物理学的角度出发得到的科学结论。因为地心说解释不了越来越精确的天文观测结果。举一个最简单的例子,比如说,最初的地心说认为所有的星球都以地球为中心,按照"正圆"转圈。那么,每颗行星在圆周运动的过程中,与地球的距离应该是一个常数。这样的话,从地球上看起来的每颗行星应该总保持相同的亮度。但这点显然不符合观测到的事实,大多数星星的亮度都是不断变化的。因此,托勒密修改了地心说理论,修改后的主要架构认为行星以偏心点为圆心绕本轮和均轮两个正圆转动。如图 1-1-1 所示,每个行星除了绕地球的"均轮"大圈运动之外,还有自己的"本轮"小圈运动。

但随着天文观测资料越来越多,测量越来越精确,加在地心说模型上的本轮和均轮也越来越多,宇宙的托勒密图景变得非常复杂。再则,地心说也解释不了某些行星在运行中突然"倒行逆转"的现象。

树欲静而风不止,哥白尼并非要反对宗教,但宗教却容不下他的科学。经过长期(近 40 年)的观测、研究和计算,哥白尼发展了日心

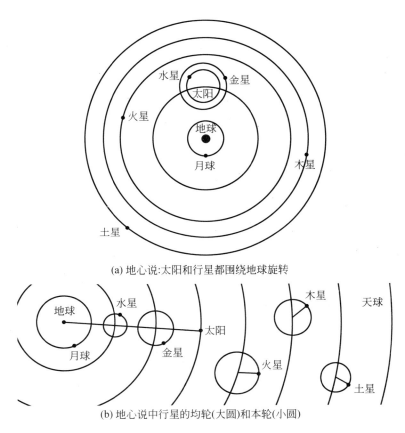

(a) 地心说:太阳和行星都围绕地球旋转

(b) 地心说中行星的均轮(大圆)和本轮(小圆)

图 1-1-1　地心说的太阳系模型: 均轮和本轮

说。但迫于教会的压力,他对自己的研究成果陷于犹豫和彷徨中,直到生命垂危之际,才终于发表了他的理论。

在数学上,牛顿天才地创建了他所需要的数学:微积分。利用这个有力的工具,牛顿在伽利略、哥白尼等人学说的基础上得到了牛顿三定律以及万有引力定律。在牛顿之前,伽利略、开普勒和哥白尼等人的学说还仅限于一些孤立的、局部适用的物理概念,而牛顿的运动定律将天体运动与人们日常生活中常见物体运动用一个统一的物理规律来描述,创立了逻辑上完整的具有因果性的经典力学体系。

牛顿力学的精髓是什么?它可以只用一个简单的数学公式来描述:

$$F = ma$$

这个简单公式背后的含义是惯性和力之间的关系。惯性与力是牛顿力学的两个最基本的概念,惯性是物体内在的根本属性,与质量 m 有关,外力 F 通过惯性起作用,克服惯性而产生加速度 a。

牛顿经典力学还有一个重要的结论,它描述了一个决定论的世界图景。因为有了运动规律之后,便有了运动的微分方程,根据最初微分方程的理论,人们利用运动物体的坐标及速度的初始值以及运动方程,就可以确定地知道该物体的未来和过去。也就是说,利用牛顿的经典力学体系,不仅仅能解释已有的一些实验事实和天文观测现象,还能够预言未来将要发生的物理现象和物理事实。比如,天文学家根据万有引力定律,预言、发现,并最后证实海王星和冥王星的存在,就是对牛顿力学的一个有力佐证。

人类从古代就开始观测夜空中的星星。太阳系中的大多数行星,都是先通过肉眼或望远镜看到,然后根据观测数据,计算出它们的运动轨道而证实的。在 1781 年发现的天王星是当时太阳系的第 7 颗行星。但是,当天体学家计算天王星的轨道时,发现理论算出的轨道与观测资料相差很远,不相符合。是什么原因造成计算值和观测值的差异呢?牛顿引力定律不正确?观测的误差?排除了这些想法之后,大多数人认同有人提出的"未知行星"假说,认为存在一颗比天王星还更远的,太阳系的新行星,它的引力作用使天王星的轨道发生摄动。

后来,英国的亚当斯和法国的勒威耶进行了大量的计算,分别独立地预测了新行星的轨道和质量。亚当斯向剑桥天文台和格林尼治天文台报告了他的结果,预言在天空某处将有可能观测到一颗新的行星。后来果然在偏离预言位置不到1°的地方发现了这颗行星,它被命名为海王星。1930年,24岁的美国天文爱好者汤博发现了后来被"开除"出大行星行列的冥王星,此是后话。

爱因斯坦曾经将海王星发现的故事比喻为推理侦探小说破案抓罪犯的过程。的确是这样,这种方法后来成为物理和天文学界常用的方法。

牛顿力学是普适的,不论对地面上我们周围物体的运动,还是天体的运动都能应用。牛顿力学的巨大成功使物理学家们欢呼雀跃,以为物理学的宏伟大厦已经大功告成,后人的工作只是装潢修饰、补补贴贴就可以了。决定论者更是甚嚣尘上,以为世界及宇宙中一切事物的未来,都可以根据现在的数值而决定了,拉普拉斯妖便是其中最著名的例子。

在牛顿建立的微积分及经典力学的基础上,物理学家提出的"最小作用量原理"[3],是一个令人神往、震撼的自然原理。据说著名物理学家费曼在读高中时,听到这个原理后就被其深深吸引,并且影响了他在物理中的研究方向。费曼用路径积分的方法来诠释量子理论,就是最小作用量原理在量子力学中的一种表述。

最小作用量原理最早由法国数学家、物理学家皮埃尔·莫佩尔蒂(Pierre Maupertuis,1698—1759)第一次提出。这个原理说的是,物理规律总是使得某种被称为"作用量"的物理量取极值。物理学家是从光线传播的费马原理认识最小作用量原理的。比如说，图 1-1-2(a)中的光线入射到空气和水交界处时发生折射，是使得光线沿着时间花费最少的路径传播，与图 1-1-2(b)中的救援者需要比较他跑步的速度和游泳的速度，以选择能最快到达溺水者地点的最佳路线所考虑的情况一样。在图 1-1-2(c)中，描述的是上抛小球的轨迹是一条虚线所示的抛物线，而不是那条弯弯曲曲的点线，其原因也是遵循的最小作用量原理而成的运动轨迹。

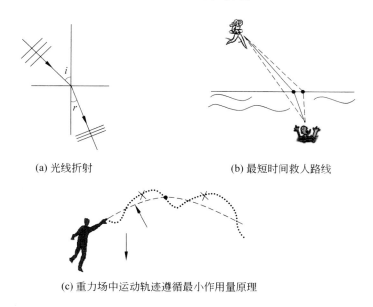

(a) 光线折射　　　　　　　　(b) 最短时间救人路线

(c) 重力场中运动轨迹遵循最小作用量原理

图 1-1-2　最小作用量原理的实际应用

如果大自然这个"上帝"在建造世界时真有什么"计划蓝图"的话，这个最小作用量原理应该够资格算上一个。实际上，不仅仅是牛顿力学，也不仅仅是物理学，人们发现在许多别的学科中也遵循作用量为极值的原理。令人不解的是，一条光线怎么会"知道"哪条路线才是极值(最快)的路线呢?大自然的匠心独具令人不得不称奇不已。自然界好像是个异常精明的设计师,它总是通过最简单、最经济的方法来构建世界。这个原理便被称为最小作用量原理。

拉格朗日和哈密顿等人创建的分析力学,便是从最小作用量原理出发建立起来的。它们是与牛顿力学等价的力学体系,可以从中推导出牛顿运动定律。哈密顿和拉格朗日的工作充分体现出了物理之美、数学之美,正如哈密顿自己所言:"使力学成为科学的诗篇"。

牛顿对科学的贡献是巨大的,这位上帝派来的使者,为人类点亮了科学殿堂的第一盏明灯。人类社会从此走向光明。

1927年,爱因斯坦在纪念牛顿逝世200周年时赞扬说:"在他以前和以后都还没有人能像他那样决定着西方的思想、研究和实践的方向。"

2. 电磁交响曲

爱因斯坦在他书房的墙壁上,挂着三幅科学家的肖像:牛顿、法拉第和麦克斯韦。

继牛顿之后,以法拉第和麦克斯韦的贡献为基础的经典电磁理论,是物理学发展史上能够浓墨重彩记上一笔的重大事件。

人类对电现象和磁现象很早就有所认识,但将它们在本质上关联起来却是1820年之后的事。那年春天,丹麦物理学家奥斯特(Orested,1777—1851),成功地观察到了电流使磁针转动的事实,从这一天开始,人们才逐渐认识了电和磁之间的紧密联系。

之后,法拉第在安培、渥拉斯顿等人工作的基础上,在电磁方面进行了大量的实验,作了详细的记录。他发现了电磁感应效应,并将观测的实验事实总结在《电学的实验研究》这三卷巨著中。

1854年,麦克斯韦(Max Well,1831—1879)在英国剑桥大学三一学院完成了研究生的学业。这个古老美丽的建筑物确实不同凡响,从它的大门里走出了32位诺贝尔奖得主、5位菲尔茨奖得主。对于麦克斯韦热衷的物理学而言,这里也是"前有古人后有来者"。80多年前,大名鼎鼎的牛顿就是从这儿走出来的;50多年之后,又跟来了著名的尼尔斯·玻尔,量子力学的奠基人之一。

麦克斯韦的导师是当时极具影响力的汤姆森(开尔文爵士)。受汤姆森的影响,麦克斯韦对电磁学产生了浓厚的兴趣,准备向"电"进军。1860年,年仅30岁的麦克斯韦到伦敦第一次拜见了将近70岁的电磁学大师法拉第。从此两人结下忘年之交,共同攻克电磁学难关,最后由麦克斯韦总结、创建了著名的经典电磁场方程。

麦克斯韦方程组最开始的版本有20个方程,包括原来就有的由库仑、高斯、法拉第、安培等人研究总结的各种实验现象、电介质的性质、各种电磁现象的规律、麦克斯韦提出的新概念,等等。最后,麦克斯韦天才地将它们高度提炼、简化为四个矢量微分方程,并写成了一种对称而漂亮的数学形式,见图1-2-1中的麦克斯韦方程[4]。

粗看图中的麦克斯韦方程组,可能会产生一点误解,以为麦克斯韦的工作只不过是将其他几个定律统一在一起而已。也有些人看见公式就头疼,觉得枯燥乏味。但实际上,麦克斯韦方程组包含了比原来单个方程丰富得多的物理内容。麦克斯韦方程组的建立,对物理学具有开拓性的理论意义,比起牛顿力学来说也毫不逊色。

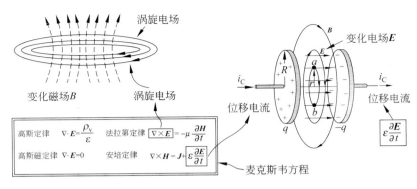

图 1-2-1　涡旋电场和位移电流

　　爱因斯坦曾经在 1931 年，纪念麦克斯韦诞生 100 周年时，高度赞扬麦克斯韦对物理学的贡献："由法拉第和麦克斯韦发动了电磁学和光学革命……这一革命是牛顿革命以后理论物理学的第一次重大的根本性的进展"。并且，爱因斯坦还强调，在电磁学的革命中，麦克斯韦具有"狮子般的领袖地位"。要知道，爱因斯坦是不会轻易将科学上的成果称之为"革命"的，即使谈到他自己对物理学的贡献：光电效应及两个相对论，他也只把光电效应冠以过"革命"二字。

　　爱因斯坦谈到"电磁学革命"时，后来还加上了一个发现证实电磁波的赫兹。这三个电磁学的先驱者各有所长：法拉第玩的是五花八门、形形色色的电磁实验，总结了三卷厚厚的实验经验和资料；麦克斯韦玩的是数学公式，推导简化成了 4 个方程式；赫兹的贡献则是将前两者的工作推向了应用的大门，第一次发出、接收和证实了如今飞遍世界的"电磁波"。

　　简单通俗地说，麦克斯韦 4 个方程的意义可以分别用下面四句话来概括：

1. 电场的散度不为 0，说明电场是有源场，电荷就是源（高斯定律）；

2. 磁场的散度为 0，说明磁场是无源场，因为不存在磁单极子（高斯磁定律）；

3. 变化的磁场产生涡旋电场，即电场的旋度（法拉第定律）；

4. 变化的电场产生涡旋磁场，即磁场的旋度（安培定律）。

以上提到的"散度"和"旋度"，是矢量分析中的数学专用术语，我们不在这里详细解释，但读者可以从图 1-2-2 中，对它们得到一些直观印象。

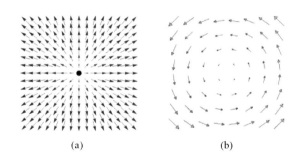

(a)   (b)

图 1-2-2　散度不为 0（a）和旋度不为 0（b）

下面介绍一下麦克斯韦提出的"涡旋电场"和"位移电流"的概念（图 1-2-1），从中我们可以稍微体会到一些，麦克斯韦是如何将实验得到的规律上升到物理理论的高度的。

图 1-2-1 所示的麦克斯韦方程中的第 3 个方程，是来自于法拉第电磁感应定律。但法拉第当初只是发现，线圈中的磁通量发生变化时会在线圈中产生电流。麦克斯韦却就此提出了涡旋电场的假设，来解释线圈中电流的来源。意思是说，磁场的变化使得磁场周围的

空间中产生了电场,这个电场与我们所熟知的静止电荷产生的电场是不同的。静止电荷产生的电场的力线,从正电荷发出,终止到负电荷,不会闭合;而变化磁场产生的电场,是环绕磁场的闭合曲线。因而,麦克斯韦称之为"涡旋电场"。法拉第观察到的线圈中的电流,便是来源于这个涡旋电场。

麦克斯韦方程中的第4个方程,则是从原来的安培定律加上了所谓"位移电流"一项。位移电流不是电荷的移动,而是电场随着时间的变化。麦克斯韦认为,导线中移动的电荷能够产生磁场,电容器或介质中变化的电场也能够产生磁场。因此,变化的电场与某种"电流"等效,他将其称为"位移电流"。

从以上的介绍不难看出,麦克斯韦在研究、简化他的方程组的时候,经常运用的法宝是什么。简而言之就是对称性的思维方式。大自然这个"上帝",除了喜欢我们在上一节中提及的最小作用量这个极值原理之外,还喜欢对称性。麦克斯韦似乎窥视到了造物主的这个秘密。自然界中许多事物都是对称的:左右对称的树叶、六角对称的雪花、球对称的星体……美丽的对称随处可见、数不胜数。那么,描述大自然的物理规律也应该遵循某种对称性。既然磁场变化在它的周围产生电场,电场变化可能也产生磁场,暂且叫它做位移电流。如果这个位移电流产生的磁场又是随时间变化的话,在更远些的地方又会产生电场,这样往返循环,一直产生影响下去……电场磁场、磁场电场……最后是否就会像水波或其他机械波那样,传播到远处去呢?

因此,位移电流概念的引入,不仅仅满足了麦克斯韦对方程组的对称之美的要求,而且使他进一步广开思路,朦胧中想到了电磁波的可能性！

如果是法拉第早想到了这点,没准儿就会立即开始动手,用实验来探测和证实电磁波。但当时的法拉第太老了,已经力不从心。

麦克斯韦有着高明的数学技巧,所以还是继续从理论上玩他的方程吧。脑袋中带着"电磁波"的想法,麦克斯韦将几个方程推来导去,终于推导出了电场和磁场在一定条件下满足的波动方程。从这个波动方程解出的解,不就是麦克斯韦想象中的电磁波吗？麦克斯韦虽然不懂实验和电路,不能在实际上去发现和产生自己所预言的电磁波,但是他的数学、物理的理论武器使他可以研究这种波具有的许多性质。

麦克斯韦预言的电磁波有些什么性质呢？首先,他从理论上预言的电磁波是一种横波,也就是说,电场、磁场的方向是与波动传播的方向垂直的。当然,麦克斯韦预言的电磁波与我们现在认识的电磁波有所不同,因为当时的麦克斯韦与大多数物理学家一样,相信宇宙中存在"以太"。以太无所不在、无孔不入,而电磁波就是一种在以太中传播的横波。麦克斯韦也得出电磁波传播的速度就等于光速。而根据当时物理界对光的认识,光也是在以太中的一种横波。麦克斯韦由此而提出一个大胆的假设:光就是一种频率在某一段范围之内的电磁波！基于麦克斯韦的这个假设,物理学家们能够解释光的传播、干涉、衍射、偏振等现象,以及光与物质相互作用的规律。

麦克斯韦不幸在 49 岁就英年早逝,未能为物理学作出更多贡献,也未能亲耳听到他的预言最终被实验证实一事。在麦克斯韦逝世 8 年之后,德国物理学家赫兹(Hertz,1857—1894)宣布了产生和接收到电磁波的消息,后来的特斯拉、马可尼、波波夫等人,发展了壮观的无线电通信事业。如今，无处不在的电磁波已经为人类文明奏出了一首又一首宏伟的交响曲。电磁理论在工程中的成功应用，算是能足以慰藉伟人的在天之灵了。

读到这里，了解了麦克斯韦从"玩弄"他的几个公式玩出了如此重大的成就之后，你还能说数学理论和公式无趣又无用吗？

还不仅仅于此，麦克斯韦所喜欢的对称性原理，之后也一直主宰着理论物理学家的思维方式。后来的量子理论、规范场论、粒子物理中标准理论、弦论等，都与对称性密不可分。对称性的概念与物理学中的守恒定律紧密相关[5]。

麦克斯韦受到法拉第的启发，第一次提出了"场"的概念。麦克斯韦认识到，电场磁场不仅仅是为了模型的需要而引进的假想数学概念，而是真实存在的物质形态。比如说，电能不是像人们过去所想象的只存在于电荷之中，而是也存在于弥漫于空间的"场"中。这个概念引出了之后现代理论物理中非常重要的场论思想。

此外，麦克斯韦方程组的建立为物理理论的统一也起了很大作用，因为它成功地将电、磁、光三者统一到了一起，从而引领了物理学中追求统一的热潮，现代物理学的历史强有力地证明了这一点。

3. 寻找以太

爱因斯坦(Einstein，1879—1955)正好出生于麦克斯韦逝世的那一年。有位诗人为牛顿写下几句令人感动的墓志铭："上帝说，让牛顿降生吧。于是世界一片光明。"另一位诗人则在后面加上了两句玩笑话："魔鬼撒旦说,让爱因斯坦出世吧。于是,大地又重新笼罩在黑暗之中。"

那个年代,尽管世界上仍然少不了天灾人祸、颠沛流离,但物理学界却像是一片和谐、晴空万里:牛顿力学和麦克斯韦电磁理论成果斐然,在众多物理学家、数学家的努力下,经典物理学的宏伟大厦巍然挺立。不过,科学毕竟是无止境的,无穷探索的结果既解决问题,又产生更多的问题。晴朗的经典物理天空中慢慢地积累了两片乌云。那是有关黑体辐射的研究和迈克耳孙-莫雷实验。它们都是理论与实验产生了矛盾,使物理学家们陷入困境。

爱因斯坦诞生得正"逢时",他抓住了这两片乌云。他稍稍拨弄了一下第一片乌云,一篇光电效应的文章,引出了量子的概念。后来,在许许多多物理学家的共同努力下,创立了量子理论。而第二片小乌云,则引发了爱因斯坦的相对论革命。这两个 20 世纪物理学上的重大革命事件,与先前牛顿、麦克斯韦的经典革命有所不同。经典理论统一和完善之后,带来的是貌似一片晴空;量子力学和相对论的建立,却带给了物理学家们更多难以解释的困惑和问题。尽管大多数科学家们认可这两个理论,人类也尽情享受它们在工业和技术应用中产生的巨大而非凡的成果,但对如何诠释理论本身,却至今争论不休、莫衷一是[6-7]。

量子论和相对论,分别适合描述远离人们日常生活经验的微观世界和宏观世界。两个新理论的诞生需要人们在认识观念上的飞跃,因为这两个理论导致了许多与人们的生活经验不相符合的奇怪现象,诸如量子力学中的"薛定谔的猫"[6]、本书中将要介绍的"双生子佯谬"等。难怪前面所说的那位英国诗人,写出了那两句借爱因斯坦开玩笑的诗句。从这个意义上，如此来评价爱因斯坦对人类的贡献，似乎也不无道理，令人不由得莞尔一笑。

据说爱因斯坦在两个星期内就建立了狭义相对论，这固然因为他是天才，但也不能不承认当时这个理论已经万事俱备、只欠东风的事实。

尽管麦克斯韦擅长用对称性来简化他的电磁场方程，但爱因斯坦却依然发现麦克斯韦方程的不对称之处。对称性有各种表现形式：时间上的对称、空间方向上的各种几何对称、物理规律的内在对称等。爱因斯坦这里所指的，是对于不同的坐标参考系而言物理定律的对称。这种对称性通常也被称为"相对性原理"。

当年，牛顿力学和麦克斯韦电磁理论各自都取得了巨大成功，但两者似乎不相容。牛顿力学建立在伽利略变换的基础上，对所有的惯性参考系都是等价的，也就意味着符合相对性原理。而麦克斯韦经典电磁理论却似乎要求有一个绝对静止的"以太"参考系存在。由于历史的原因，以太在人们脑中根深蒂固，许多科学家倾向于承认以太而摒弃相对性原理。因此，当时掀起一股以太热：理论物理学家们尽力建造以太的机械模型，实验物理学家们便竭尽所能来寻找以太。但是，多种方法的探索却始终未能成功。

如果以太存在的话，接下来会有一大堆尚未弄清楚的问题：以太是一种什么样的物质？由什么组成？它的性能如何？它与其他物质如何相互作用？等等。比如有一个很简单的问题，就使物理学家们伤透脑筋：当地球（或者其他物体）相对于以太运动时，以太是更像非常黏滞的液体那样，会被拖着一起运动呢？还是像某种无质量的神秘物质，静止却又无孔不入？或者是介于两者之间？换言之，应该可以通过实验,测定出当物体运动时对以太的拖曳系数。人们为此的确进行了不少的实验和观察,但仍然说不出个所以然来,因为某些实验结果及观察资料互相矛盾:天文观测到的光行差现象说明星体运动对以太不拖曳;斐索水流实验的结果支持部分拖曳的理论模型;还有著名的迈克耳孙-莫雷实验得到的"零结果",则只能解释为以太是被地球完全拖曳着一起运动。

地球以 30km/s 的速度绕太阳运动,如果存在以太,以太又不是被地球运动"完全拖曳"的话,地球运动时的"以太风"就会对光的传播产生影响。根据经典力学的速度叠加原理,当地球逆着以太风或顺着以太风的时候测出来的光速应该不同。因而,1887 年左右,迈克耳孙和莫雷进行了多次实验,企图通过测量光速的变化从而探测到地球相对于以太参照系的运动速度。

阿尔伯特·迈克耳孙(Albert Michelson,1852—1931)是波兰裔美国籍物理学家,迈克耳孙-莫雷实验的原理如图 1-3-1 所示。

从光源发出的光被分光镜分成水平和垂直两条路线(两臂),最后经过反射镜之后重新汇聚而产生干涉现象。经过调试使得两条路径相等时,探测器可以探测到干涉条纹。两条路线的差异则会使得干涉条纹产生移动。如果存在"以太风"的话,当光线经过的路径顺着"以太风"或逆着"以太风"时,光程是不一样的。由于地球自身以一天为周期的自转,以及围绕太阳以一年为周期的公转,这两种运动将会使得实验中得到的干涉条纹产生周期性的(一天或一年)移动。

光的速度是如此之快,为了提高实验精确度,迈克耳孙-莫雷实验曾经在美国的克利夫兰以及美国西海岸加州的威尔逊山进行,这样可以尽量增大光线经过的路径长度,实验设施中的"臂长"最大达

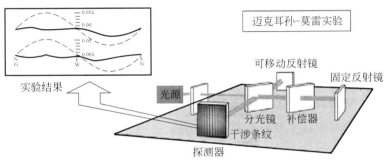

图 1-3-1　阿尔伯特·迈克耳孙和迈克耳孙-莫雷实验原理图及实验结果

到 32m。尽管如此,实验得到的却都是"零结果"。(参考图 1-3-1 中间框中的"实验结果":实线是实验值,虚线是将期望的理论结果值缩小到了原来高度的 1/8 画出来与实验值相比较,它们仍然比实验值大很多!)也就是说,迈克耳孙-莫雷实验没有观察到任何地球和以太之间的相对运动。因而,也可以说这是一次很"失败"的实验。不过大家公认,迈克耳孙的干涉实验精度已经达到了很高的量级。因此,迈克耳孙得到了 1907 年的诺贝尔物理学奖,他是得到诺贝尔物理学奖的第一个美国人[8]。

迈克耳孙-莫雷实验没有探测到任何地球相对于以太运动所引

起的光速变化,这个"零结果"使人困惑。如何解释麦克斯韦理论、相对性原理、伽利略变换、速度叠加、斐索水流实验、迈克耳孙-莫雷实验等这些理论及实验之间的矛盾呢?荷兰物理学家洛伦兹想了个好办法。

洛伦兹(Hendrik Antoon Lorentz,1853—1928)曾就读于莱顿大学,并于 1875 年获得博士学位。1877 年,年仅 24 岁的他就成为莱顿大学的理论物理学教授。洛伦兹于 1892 年到 1904 年间发表了一系列论文,提出他的"电子论",那还是在汤姆森用实验证实电子存在之前。洛伦兹提出物质的原子和分子包含着小刚体,每个小刚体,即"电子",携带一个正电荷或负电荷。洛伦兹认为光的载波介质"以太"和一般的物质是不同的实体,它们之间以电子作为媒介而相互作用。光波便是因"电子"的振动而产生的。洛伦兹用他的经典"电子论"解释了物理现象。1895 年,洛伦兹描述了电磁场中带电粒子所受到的洛伦兹力;1896 年,他成功地解释了由莱顿大学的塞曼发现的原子光谱磁致分裂现象。洛伦兹断定塞曼效应是由原子中负电子的振动引起的。他从理论上计算的电子荷质比,与汤姆逊从实验得到的结果相一致。1902 年,洛伦兹和塞曼分享了诺贝尔物理学奖。

洛伦兹想从他的电子论出发来解决迈克耳孙-莫雷实验的"零结果"。洛伦兹所处的时代,"量子"尚未正式诞生,顶多算是"小荷才露尖尖角"。因而,他的物理观念,包括"电子论",基本上是经典的,并且,"以太"在洛伦兹的脑袋中根深蒂固。洛伦兹认为,既然这些实验都暂时探测不到以太的任何机械性能,那么就暂且把这点放在一边不考虑好了。洛伦兹假定,作为电磁波荷载物的以太,在物质中或在真空中都是一样的,物体运动时并不带动以太运动。于是,洛伦兹这种缺乏物质属性的电磁以太模型,所代表的只不过是一个抽象、绝对、静止的时空参考系而已。洛伦兹的目的首先是要相对于这个"以太"参考系,找出一个适合用于其他参考系的数学变换,能够将原来看起来互为矛盾的现象都统一起来。当然,最好还能够保持麦克斯韦方程的形式不变。

对经典牛顿力学而言,当两个坐标参照系相对以速度 v 匀速直线运动时,在两个参考系中测量到的坐标值按照伽利略变换而变换,见附录 A。

伽利略变换很简单,如图 1-3-2 所示,汽车上的观察者 B 垂直向下丢一个球,在他的运动坐标系中,球只是下落,球的水平位置 x'(相对于汽车)是不变的。而静止于地面的观察者 A,看到球不仅仅向下,水平位置也在变动,与 B 看到的位置相差一个数值 vt,那是因为汽车以速度 v 向前运动的原因。因而,汽车上的人看到小球的运动轨迹是垂直下落的直线,而地面上的人看到的轨迹是抛物线。

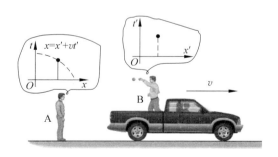

图 1-3-2　伽利略变换

如上所述的坐标变换 $x = x' + vt'$ 就是伽利略变换。两个坐标之差写成了 vt',而不是 vt,这无关紧要,因为两个坐标系的时间 t 和 t'

是一样的。也就是说,在伽利略变换中,或者说牛顿力学中,时间是一个绝对的物理量,无论对火车上的人还是地面上的人,都遵循同一个绝对的时间。

伽利略变换对牛顿力学运用得很好,但是现在却不能解释迈克耳孙-莫雷实验的零结果,说明需要对它进行修正。首先,洛伦兹是肯定有以太存在的。在伽利略变换中,空间的变化与时间无关,并且空间中的弧长是不变的。比如说,有一根棍子,无论它运动还是不运动,它的长度都不会改变。但洛伦兹设想,如果这根棍子相对于以太运动的话,也许受到了以太施予其上的某种作用而使它的长度变短了呢。于是,洛伦兹在相对于以太运动的伽利略变换中加上了一个在运动方向的长度收缩效应。这样做的结果,正好抵消了原来设想的相对于以太不同方向上运动而产生的光速差异。如此一来,洛伦兹轻而易举地就解释了迈克耳孙-莫雷实验的零结果。

长度会变短多少呢?洛伦兹意识到,在这个问题上光速起着重要的作用,因而缩短因子应该和运动坐标系的速度与光速的比值有关。洛伦兹假设了一个缩短因子 γ:

$$\beta = \frac{v}{c}, \quad \gamma = \frac{1}{\sqrt{1 - \dfrac{v^2}{c^2}}}$$

然后,假设长度变化为

$$L = L_0 / \gamma \tag{1-3-1}$$

L_0 是静止于以太坐标系的长度,L 是在运动坐标系中的长度。

实际上,当时的许多物理学家都在思考如何建立一个与牛顿力学相容的电磁模型。物理学家福格特和费兹杰罗等也都提出过尺缩

效应。除了空间收缩外,洛伦兹还提出了"本地时间"这个重要概念:

$$t = t_0 - \frac{vL}{c^2} \qquad (1\text{-}3\text{-}2)$$

但这只是当时洛伦兹为了简化从一个系统转化到另一个系统的变换过程,而提出的数学辅助工具而已。此外,另一位物理学家拉莫尔则注意到,在参照系变换时,除了长度收缩效应之外,他还在电子轨道的计算中发现某种相应的时间膨胀:

$$t = t_0\gamma \qquad (1\text{-}3\text{-}3)$$

最后,洛伦兹将"长度收缩"、"本地时间"、"时间膨胀"等概念综合起来,推导出了符合电磁学协变条件的洛伦兹变换公式[9-10],请参考附录 A。

直到 1900 年,著名的数学家庞加莱意识到洛伦兹假设中所谓的"本地时间",正是移动者自己的时钟所反映出来的时间值。1904 年,庞加莱将洛伦兹给出的两个惯性参照系之间的坐标变换关系正式命名为"洛伦兹变换",并且首先认识到洛伦兹变换构成群。但庞加莱始终未抛弃以太的观点。用洛伦兹变换替代伽利略变换之后,经典力学理论和经典电磁的理论最终得以协调。

之后,洛伦兹变换成为爱因斯坦狭义相对论最基本的关系式,是狭义相对论的核心。

如上所述,在 1905 年爱因斯坦提出狭义相对论之前,构建这个理论的所有砖块几乎都已经齐全,所需要的一切都已经成熟。理论埋伏在那里,就等待大师来画龙点睛。

命名"洛伦兹变换"的庞加莱本来是很有可能成为这个画龙点睛之人的。虽然他的主要角色是一位数学家,但庞加莱对经典物理有着深刻的见解。早在 1897 年,庞加莱就发表了"空间的相对性"一文,其中相对论的影子已经忽隐忽现。第二年,庞加莱又接着发表"时间的测量"一文,提出了光速不变性假设。

1905 年 6 月,庞加莱先于爱因斯坦发表了相关论文:"论电子动力学"[11]。

回顾狭义相对论的发现史的确很有趣,洛伦兹和庞加莱当时都已经是 50 岁上下的教授、大师级人物,为什么这个发现权的殊荣最后落到了一个当年不过 20 多岁的专利局小职员的头上?

图 1-3-3 是 1911 年时参加第一次索尔维会议的科学精英们的照片。当时,量子力学刚刚冒出水面,玻尔等一派尚未形成气候,无资格出席,大多数都是"经典"领域中的英雄人物:洛伦兹作为会议主持人,当然和会议赞助者索尔维并排坐在中间,庞加莱和著名的居里夫人正在热烈地讨论着什么问题,那时的爱因斯坦还只能站在背后。"他们正在研究什么"? 他身体略微前倾,目光往下注视,默默而又好奇地张望着他们。

洛伦兹　　　　　　庞加莱　　爱因斯坦

图 1-3-3　狭义相对论的 3 位发现者在 1911 年的第一次索尔维会议上

如果要问，爱因斯坦对建立狭义相对论到底贡献了些什么？或许可以这样回答：爱因斯坦贡献的是他天才的思想，是他深刻认识到的革命性的时空观。

爱因斯坦只想知道上帝是如何设计世界的，他想知道的是上帝的思想。大自然这个上帝，总是用最优化的方式来建造世界，因此爱因斯坦从上面所述杂乱纷呈的理论、假设、观点及实验结果中，去粗取精、去伪存真，只选定留下了必要部分，即两个他认为最重要、最具普适性的原理：相对性原理和光速不变原理。

光速不变原理是麦克斯韦方程的结果，也被许多实验结果所证实，包括迈克耳孙-莫雷实验的零结果，不也是对光速不变的精确验证吗？爱因斯坦重视相对性原理，是因为马赫的哲学观对他影响很大，他不认为存在绝对的时空。新的相对性原理，不仅要对力学规律适用，也得对电磁理论适用，为了要保留相对性原理，便必须抛弃伽利略变换。那没关系，正好可以代之以协变的洛伦兹变换。尽管洛伦兹推导他的变换时假设了"以太"的存在，但洛伦兹的那种"以太"模型，已经没有了任何机械性能，也不像是任何物质，那么又要它做什么呢？有以太或没有以太，变换可以照样进行。

为什么爱因斯坦很容易就摒弃了以太？究其原因，与他当时对光电效应等量子理论的研究也有关系。洛伦兹和庞加莱等人坚持"以太"模型，是出于经典波动的观点，总感觉波动需要某种物质类的"载体"，而爱因斯坦研究过量子现象，知道光具有双重性，既不完全像粒子，也不完全等同于通常意义下的"波"。对粒子来说，是不需要什么传输介质的，因此没有什么以太这种东西。

所以，爱因斯坦摒弃了以太的观念，重新思考"空间"、"时间"、

"同时性"这些基本概念的物理意义,最后用全新的相对时空观念同样导出了洛伦兹变换,并由此建立了他的新理论——狭义相对论[12]。

4. 相对性原理

对任何运动的描述,都是相对于某个参考系而言的。一个站在地上的人和另一个坐在一辆向前行驶的火车上的人,如果进行测量的话,可能有些测量结果是不一样的,这是因为他们选择的参考系不同,一个是以地面为参考系,另一个以火车为参考系。牛顿时代的科学家们认为,某些参考系优于另一些参考系。这是指哪些方面更优越呢?比如说,在某些参考系中,时间均匀流逝、空间各向同性,描述运动的方程有着最简单的形式,这样的参考系被称为惯性参考系。从这个视角来看,托勒密的地心说是以地球作为惯性系,而哥白尼的日心说则认为太阳是一个比地球更好的惯性参考系。然而,两者都仍然承认存在一个绝对的、静止的惯性参照系。布鲁诺在这方面则更进了一步,他不仅仅是宣传日心说,而且发展了哥白尼的宇宙学说,他以天才的直觉,提出了宇宙无限的思想。布鲁诺认为地球和太阳都不是宇宙的中心,无限的宇宙根本没有中心。布鲁诺这种追求科学真理的精神和成果,永远为后人所景仰。

1609年,一个荷兰眼镜工人发明了望远镜。意大利科学家伽利略(Galileo Galilei,1564—1642)将望远镜加以改造,用其巡视夜空、观察日月星辰,发现了许多新结果。这些新结果启发伽利略思考一些最基本的物理原理,著名的相对性原理便是他的成果之一。

伽利略的相对性原理是说物理定律在互为匀速直线运动的参考系中应该具有相同的形式。伽利略在他 1632 年出版的《关于两个世界体系的对话》(*Dialogue Concerning the Two Chief World Systems*,简称《对话》)[13] 中的一段话描述了这个原理,其中的大意是:

把你关在一条大船舱里,其中有几只苍蝇、蝴蝶、小飞虫、金鱼等,再挂上一个水瓶,让水一滴一滴地滴下来。船停着不动时,你留神观察它们的运动:小虫自由飞行,鱼儿摆尾游动,水滴直线降落……你还可以用双脚齐跳,无论你跳向哪个方向,跳过的距离都几乎相等。然后,你再使船以任何速度前进,只要运动是均匀速度的,没有摆动,你仍然躲在船舱里。如果你感觉不到船在行驶的话,你也将发现,所有上述现象都没有丝毫变化,小虫飞、鱼儿游、水滴直落、四方跳过的距离相等……你无法从任何一个现象来确定,船是在运动还是在停着不动。即使船运动得相当快,只要保持平稳和匀速的话,情况也是如此。

伽利略描述的这种现象,中国古书《尚书纬·考灵曜》上也有类似的记载:"地恒动而人不知,譬如闭舟而行不觉舟之运也。"中国古籍上的这段文字可追溯到魏晋时代,即公元 220—589 年,要早于伽利略 1000 多年。但中国人仅仅到此为止便没有了下文,伽利略却由此而广开思路,大胆提出相对性的假设:"物理定律在一切惯性参考系中具有相同的形式,任何力学实验都不能区分静止的和作匀速运动的惯性参考系。"这个假设继而发展成为经典力学的基本原理,称为"相对性原理"。

物理定律不应该以参考系而改变,基于这点的相对性原理听起来似乎不难理解。伽利略在《对话》一书中所描述的现象,也是我们每个人在坐火车或飞机旅行时,都曾经有过的经验。伽利略的相对性原理中,时间仍然被认为是绝对的,空间位置则根据所选取参考系的不同而不同。两个在 x 方向以匀速 u 运动的坐标参考系中,分别测量出来的时空坐标 (t, x, y, z) 和 (t', x', y', z') 将有不同的数值,这两套数值之间可以通过"伽利略变换"互相转换,见附录 A。

从伽利略时代过了 270 多年之后,爱因斯坦登上了历史舞台。他又重新思考这条"相对性原理"。如前所述,当时启发爱因斯坦思考动力的是来自于经典物理宏伟大厦明朗天空背景下的一片乌云。

经典物理的宏伟大厦主要由经典力学和麦克斯韦电磁理论组成,两者各自都已经被大量实验事实所证实,正确性似乎毋庸置疑,但两者之间却有那么一点矛盾之处。

如上所述,经典力学的规律满足伽利略的相对性原理,在伽利略变换下保持不变,但经典电磁理论的麦克斯韦方程在伽利略变换下却并不具有这种不变性。也就是说,对经典力学现象,所有相互作匀速直线运动的惯性参考系都是等价的,但对电磁现象而言却不是这样,因为相对性原理不成立了。因而对经典电磁理论来说,物理学家就只好假设存在一个特别的、绝对的惯性参考系,只有在这个特定的参考系中,麦克斯韦方程才能成立,这就是被称之为"以太"的参考系。

以太被假设为"静止不动",因此地球相对于这个不动的惯性参考系的运动应该被观测到,但物理学家们在这方面并未发现任何蛛丝马迹……之后,爱因斯坦将相对性原理从经典力学推广到经典电磁学,建立了狭义相对论。再后来,又把相对性原理从惯性参考系推广到非惯性参考系,从而建立了广义相对论。

5. 什么是"同时"?

同时,是我们在日常生活中常用的词汇。"他们两人同时到达山顶"、"电视新闻同时在全国各地播出"……好像每个人都非常理解这个词表达的意思,不就是说两件事在同一时刻发生吗?

不过,什么叫"同一时刻"呢? 这样说的意思首先是认为时间是一个绝对的概念,上帝在某处设立了一个大大的、精确无比的标准钟。然而,如果你深入考察下时间的概念,可能会使你越想越糊涂。时间是什么? 正如公元4世纪哲学家圣·奥古斯丁对"时间"概念的名言:

"If no one asks me, I know what it is. If I wish to explain it to him who asks, I do not know."

我把它翻译成如下两句:"无人问时我知晓,欲求答案却茫然。"

时间是绝对的,还是相对的? 如果说它是绝对的,显然不符合相对性原理。上帝绝对准确的钟该放在哪里呢? 地球上? 太阳上? 或是别的什么地方? 这好像是又回到了地心说、日心说之争的年代。现代社会几乎每一个人都知道,无论是地球还是太阳,都只是茫茫浩瀚宇宙中一个小小的天体。所以,从一般现代人的常识来看,也似乎不应该存在一个绝对的时间。而爱因斯坦也正是深刻理解了时间的"相对性"的意义,才在创立狭义相对论的过程中,迈出了关键的一步。

爱因斯坦有一个广为人知的比喻:"和一位漂亮女孩在一起待

上一小时,你会感觉像一秒钟;但如果让你在火炉子上待上一秒钟,你会感觉像一小时。这就是相对论。"尽管这的确是爱因斯坦所言,但在比喻中他指的是时间在心理上的相对性,而我们想要探究的,却是爱因斯坦探讨的时间在物理意义上的相对性。

狭义相对论中同时的相对性,是来自于相对论的两个基本假设:相对性原理和光速不变。

如果两个事件对某一个观察系来说是同时的,对另一个观察系来说就不一定是同时的。我们用图 1-5-1 中所示的例子来说明这个问题。如下的解释中,以承认相对性原理和光速不变为前提。

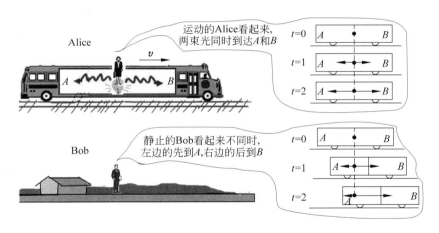

图 1-5-1　同时的相对性

一列火车以速度 v 运动,站在车厢正中间的 Alice,当经过地面上的 Bob 时点亮了车厢正中位置的一盏灯,向左和向右的两束灯光将以真空中的光速 c 分别传播到车尾 A 和车头 B。在 Alice 看起来,灯到 A 和 B 的距离是相等的,所以两束光将同时到达 A 和 B。但是,站在地面上静止的 Bob 怎么看待这个问题呢?

对 Bob 来说,左右两束光的速度仍然都是 c,这是相对论的假设,无论光源是在运动与否都没有关系。但是,火车却是运动的。因而,A 点是对着光线迎过去,B 点则是背着光线逃走。所以光线到达 A 的事件应该先发生,到达 B 的事件应该后发生。也就是说,Alice 认为是同时发生的两个事件,Bob 却认为不同时。

刚才所述的相对论中对同时性的检验,是用光信号的传递来进行的。这是因为光在狭义相对论中具有独特的地位。根据狭义相对论的假设,真空中的光速对任何参考系,在任何方向测量都是一样的数值。在由此而建立的狭义相对论中,任何物体的速度都不可能超过光速,光是能够完整传递信息和能量的最大速度。换言之,如果火车上的 Alice 不是点亮了一盏灯,而是向左右射出子弹的话,两颗子弹相对于 Bob 的速度便不是一样的。事实上,光可以说是一种很神秘的物质形态,它不仅在狭义相对论中具有特殊地位,在整个物理学及其他学科中的地位也是独一无二的。至今为止没有发现任何超光速的、能够携带能量或信息的现象。也就是说,尚未有与相对论这条假设相违背的情形。如果将来的实验证实这条假设不对的话,爱因斯坦的理论就需要加以修改了。

6. 万有引力

引力是一种颇为神秘的作用力,它存在于任何具有质量的两个物体之间。人类应该很早就认识到地球对他们自身以及他们周围一切物体的吸引作用,但是能够发现"任何"两个物体之间,都具有万有引力就不是那么容易了。这是因为引力比较起其他我们常见的作用力来说,是非常微弱的。虽然我们早就意识到地球上有重力,那是因为地球是一个质量非常巨大的天体的缘故。如果谈到任何两个物体,包括两个人之间,都存在着的万有引力,就不是那么明显了。自然界中,我们常见的电荷之间的作用力,可以用简单的实验感知它的存在,比如我们司空见惯的摩擦生电现象:一个绝缘玻璃棒被稍微摩擦几下,就能够吸引一些轻小的物品;还有磁铁对铁质物质的吸引和排斥作用,都是很容易观察到的现象。而根据万有引力定律,任意两个物体之间存在的相互吸引力的大小与它们的质量乘积成正比,与它们距离的平方成反比,其间的比例系数被称之为引力常数 G。这个常数是个很小的数值,大约为 $6.67 \times 10^{-11} \mathrm{N \cdot m^2/kg^2}$。从这个数值可以估计出两个 50kg 成人之间距离 1m 时的万有引力大小只有十万分之一克!这就是为什么我们感觉不到人与人互相之间具有万有引力的原因。

不过,巨大质量的星体产生的引力会影响它们的运动状态,因而能够通过天文观测数据被测量和计算。到目前为止,难以测量到的是引力波。人类对引力本质的了解仍然知之甚少,电磁场有电磁波来传递信息,常见的光也是一种电磁波,它们已经算是某种抓得住、看得见、用得上的东西。可是人类却至今仍未直接探测到任何引力波。

约翰内斯·开普勒(Johannes Kepler,1571—1630)是德国天文学家。牛顿是在开普勒发现的行星三定律之基础上总结推广成万有引力定律的。开普勒幼年患猩红热导致视力不好,曾经在一家神学院担任数学教师,后来有幸结识天文学家第谷·布拉赫,并成了第谷的助手，从此将全部精力投入到天文学、物理学的理论研究中。

第谷进行了几十年严谨的天文观测，积累了关于太阳及其行星的大量宝贵资料。第谷去世后，把他一生的天文观测资料留给了开普勒。开普勒用了 20 年时间仔细整理、研究这些资料，加上自己的理论计算，总结出了有关行星运动的三大定律：

1. 行星绕太阳作椭圆运动，太阳位于椭圆的焦点上；

2. 行星与太阳的连线在相等的时间内扫过相等的面积；

3. 行星轨道半长轴的三次方，与绕太阳转动周期的二次方的比值对所有行星一样。

开普勒去世后若干年，上帝派来了牛顿。关于牛顿有不少有趣的传说，据说他大学期间在乡下躲避瘟疫时发明了微积分；大概也是差不多的年代，家中院子里的苹果掉下来打到脑门上而发现了万有引力定律。这些传言是否属实并不重要，有时候，某些偶然事件的确能启发科学家的灵感，使他们为作出重大贡献迈出关键的一步。但是，这些伟大的发现绝不是偶然想到一蹴而就的，这背后往往有着漫长的、坚韧不拔的辛勤劳动和努力。

1726 年，牛顿在去世的前一年，与他的朋友、考古学家威廉·斯蒂克利谈过这段有关苹果的故事。后来，斯蒂克利在皇家学会的手稿中写下了一段话：

"那天我们共进晚餐，天气和暖，我们俩来到花园，在一棵苹果树荫下喝茶。他告诉我，很早前，当万有引力的想法进入他脑海的时候，他就处于同样的情境中。为什么苹果总是垂直落到地上呢，他陷入了沉思。它为什么不落向其他方向呢，或是向上呢？而总是落向地心呢？"

可见"苹果下落"的简单事实,的确给了牛顿启发,激发他开始了对引力的思考。苹果往下掉,不是往上掉! 这一定是因为地球在吸引它,地球不仅仅吸引苹果,也吸引地面上的其他物体往下掉。但是,地球也应该会吸引月亮。那么,月亮又为什么不往下掉呢? 这些问题困扰着年轻的牛顿。引导他去研究琢磨开普勒的三定律。

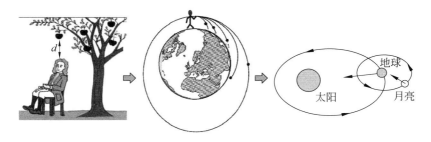

图 1-6-1　牛顿发现万有引力定律

万有引力定律是牛顿在 1687 年于《自然哲学的数学原理》上发表的。如果按照传闻所说的时间,牛顿在 23 岁时看到苹果下落就开始思考引力的话,其间也已经过了 20 余年。这些年中,大师是如何追寻解决这"引力之谜"的呢?

确立引力与距离之间的平方反比率,是探索万有引力的关键一步。

追溯万有引力的平方反比定律的发现历史,便扯出了牛顿与胡克间的著名公案。其实胡克对万有引力的发现及物理学的其他方面都做出了不朽的贡献,但现在一般人除了有可能还记得中学物理中曾经学过一个"胡克定律"之外,恐怕就说不清楚这胡克是谁了。这都无可奈何,成者为王败者寇,学术界也基本如此,免不了世俗间的纠纷[14]。

英国物理学家罗伯特·胡克（Robert Hooke, 1635—1703）比牛顿大 8 岁,可以算是牛顿的前辈了。两人的争论起源于光学。牛顿于 1672 年用他的"微粒说"来解释光的色散现象,而胡克是坚持波动说的。他在皇家学会讨论会上的尖锐言辞使得牛顿大怒,从此对胡克充满敌意。胡克去世后,牛顿发表了他的宣扬微粒说的《光学》一书,这个光微粒的概念统治物理界一百多年,直到后来由于菲涅尔的工作,才重新发现胡克的波动说。

胡克对物理学有杰出的贡献。但在当时更有势力、更有显赫地位的牛顿的打压下,一生都无出头之日。晚年更是愤世嫉俗、郁闷而死。死后墓地不详,连照片也没留下一张。据说牛顿还利用权势,企图毁掉与胡克有关的许多资料,诸如手稿和文章等,但最后被皇家学会阻止。

据说胡克和牛顿曾经以通信方式讨论过万有引力,胡克在信中提到他的许多想法,包括他从 1660 年就有的平方反比定律思想,但后来牛顿在其著作中删去了所有对胡克工作的引用。

也就是在与胡克讨论万有引力的信件中,出现了那句牛顿的名言:"如果我看得远一些,那是因为我站在了巨人的肩膀上"。据说胡克身材矮小外加驼背,因而有研究者怀疑牛顿此话是在故意借胡克的身体缺陷来挖苦讽刺他。这些事情年代久远,后人难以琢磨牛顿当年写这句话时的真实心态,但无论如何,牛顿这句话字面上的意思是没错的。

任何科学家的重大发现都是基于前人工作的基础上,众多科学家们的默默奉献,造就了"巨人的肩膀"。在牛顿时代,科学界已经有了万物之间都有引力作用的猜想。万有引力概念及平方反比率的想法均由胡克最先(至少是独立于牛顿)提出,但牛顿创建了强大的数学工具微积分,对开普勒定律进行计算验证,最终用这个理论解释了行星的椭圆轨道问题,建立了万有引力定律。

当初也有几个数学家怀疑过万有引力遵循的平方反比律,其中包括大数学家欧拉。其实现在看起来,平方反比律也可算是大自然造物的秘诀之一。大自然似乎总是以一种高明而又简略的方式来设置自然规律。符合平方反比律的自然规律有不少:静电力和引力相仿,也遵循平方反比律;还有其他一些现象,诸如光线、辐射、声音的传播等,也由平方反比规律决定。为什么会是这样?为什么刚好是平方反比、是2而非其他呢?人们逐渐认识到,这个平方反比律不是随便任意选定的,它和我们生活在其中的空间维数"三"有关。

在各向同性的三维空间中的任何一种点信号源,其传播都将服从平方反比定律。这是由空间的几何性质决定的。设想在我们生活的三维欧几里得空间中,有某种球对称的(或者是点)辐射源。如图 1-6-2 所示,其辐射可以用从点光源发出的射线表示。一个点源在一定的时间间隔内所发射出的能量是一定的。这份能量向各个方向传播,不同时间到达不同大小的球面。当距离呈线性增加时,球面面

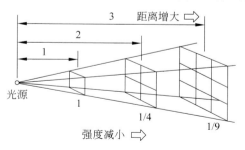

图 1-6-2　点信号源的传播服从平方反比律

积 $4\pi r^2$ 却是以平方规律增长。因此,同样一份能量,所需要分配到的面积越来越大。比如说,假设距离为 1 时,场强为 1;当距离变成 2 的时候,同样的能量需要覆盖原来 4 倍的面积,因而使强度变成了 1/4,下降到原来的 1/4。这个结论也就是场强的平方反比定律。

从现代的矢量分析及场论的观点来看,在 n 维欧氏空间中,场强的变化应该与 r^{n-1} 成反比,当 $n=3$,便化简成了平方反比定律。

得出了引力应该和距离平方成反比的结论之后,牛顿又继续思考月亮为什么不往地心掉落的问题。如果月亮也和苹果一样,受到的是地心的吸引力的话,苹果下落,为何月亮不下落?又为何地球也不会掉落到太阳上呢?据牛顿自己回忆,在这个问题上惠更斯关于离心力的思想给了他启发。他也看到孩子们经常用绳子系着小球转圈玩,如果转得太快了的话,绳子会被拉断而使小球径直向前抛出。这个现象是否与月球地球的运动有相似之处呢?地球的吸引力和月亮转动的离心力相互平衡而维持了月亮稳定地绕地球作圆周运动。因此,重力既是使苹果下落的力,也是维持行星和恒星之间运动的作用力。于是,牛顿又作进一步地计算。他发现,如果离心力刚好与距离成反比的话,行星必然要环绕力的中心沿椭圆轨道旋转,并且从这中心与行星作出的连线所经过的面积与时间成正比。牛顿的三大运动定律中的第三定律是关于作用力和反作用力的,将它用到引力问题上的话,便显然得出结论:地球吸引月亮的同时,月亮也以同样大小、方向相反的力作用到地球上。对苹果来说也是如此,地球吸引苹果,苹果也应该吸引地球,但是这个力对地球来说影响很小,那是因为地球质量太大的缘故。牛顿用他的运动第二定律,轻而易举地想通了这个问题,由此牛顿确定了引力"作用在世间万物"的思想。

那么，两个物体之间的万有引力除了与距离平方成反比之外，还与哪些物理量有关呢？牛顿很容易地想到了应该与两个物体的质量成正比。这个想法，从地球上，质量越大的物体越重这一点便可以看出来，从天体运动的规律也可以验证。因此，牛顿万有引力定律最后写成：

$$F = \frac{Gm_1m_2}{r^2}$$

其中的比例系数 G 称为万有引力常数。G 是多大，当时的牛顿也回答不出来，直到 1798 年英国物理学家卡文迪什利用著名的卡文迪什扭秤（即卡文迪什实验），才较精确地测出了这个数值。

牛顿引力理论揭开了部分引力之谜，统治物理界两百多年，直到爱因斯坦的广义相对论问世。广义相对论别开生面，将引力与时间空间的弯曲性质联系起来。我们所熟悉的欧几里得空间是平直而不是弯曲的。因此，在介绍广义相对论之前，在第 2 章中将首先介绍这个理论的数学基础：描述弯曲空间的黎曼几何。

7. 量子革命[7]

爱因斯坦的两个相对论还有很多故事。我们先插一段他对量子革命的贡献。

19 世纪末，在物理学上是经典力学和麦克斯韦电磁理论叱咤风云的年代，但与理论不相符合的两个实验：迈克耳孙-莫雷实验和有关黑体辐射的研究，使得晴朗的天空飘起了两片小乌云。之后，第一片乌云动摇了牛顿力学，引发了爱因斯坦建立了狭义相对论；而从第二片乌云中,则诞生了量子理论。

爱因斯坦生逢其时,为清扫两片乌云都立下汗马功劳。并且为了解释光电效应的光量子说为光的量子理论奠定了基础,也使他得到了 1921 年的诺贝尔物理学奖。

先解释一下,黑体辐射问题到底给经典物理造成了些什么麻烦。所谓黑体,是指对光不反射、只吸收,但却能辐射的物体,就像是一根黑黝黝的炼铁炉中的拨火棍。拨火棍在一般的室温下,似乎不会辐射,但如果将它插入炼铁炉中,它的颜色便会随着温度的变化而变化:首先,温度逐渐升高后,它会变成暗红色,然后是更明亮的红色;然后,是亮眼的金黄色;再后来,还可能呈现出蓝白色。为什么会出现不同的颜色呢?这说明在不同的温度下,拨火棍辐射出了不同波长的光。当温度固定在某个数值 T 下时,拨火棍的辐射限制在一定的频率范围,有它的频谱,或称"频谱图"。图 1-7-1 的曲线便是黑体辐射的频谱图,其水平轴表示的是不同的波长 λ,垂直轴 $M_0(\lambda, T)$ 表示的是在温度为 T 时,在波长 λ 附近的辐射强度。辐射强度 $M_0(\lambda, T)$ 是温度和波长的函数,当温度 T 固定时,在某一个波长 λ_0 附近,辐射强度有最大值,这个最大值与 T 有关,这也就是我们所观察到的拨火棍的颜色随温度而改变的规律。

由经典麦克斯韦方程推导而出的"维恩公式"和"瑞利-金斯公式",却与黑体辐射的实验结果不相符合。比如,维恩公式在低频时符合得很好,但高频不行,而瑞利-金斯公式则在低频不符合。因此,光的经典电磁波理论无法解释黑体辐射,并且理论结果还导致所谓"紫外发散"的灾难,见图 1-7-1 中的实验及理论曲线。

普朗克在 1900 年发表了一篇划时代的论文,使用了一个巧妙而

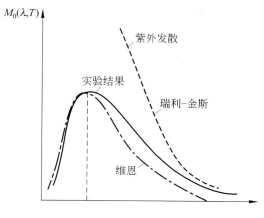

图 1-7-1　黑体辐射的经典理论

新颖的思想方法来解决这个问题。经典理论认为,辐射出的电磁波是一种能量连续的波动。但普朗克发现,如果假设黑体辐射时,能量不是连续的,而是一份一份地发射出来的话,就可以导出一个新的公式来解释图 1-7-1 中所示的实验曲线。通常将普朗克的这篇文章作为量子理论的诞生日,尽管当时的普朗克并不明白为什么在黑体辐射时能量要一份一份地发射出来。并且,之后,普朗克本人还极力想放弃这种看起来毫无道理的处理方法。他花了 15 年的时间研究这个问题,企图仍然用经典理论得出同样的结论,但均以失败告终。

保守的普朗克在无意中当了一回勉为其难的革命者,让拨火棍上的物理拨出了一场量子革命。并且,潘多拉的盒子一旦打开便难以将妖怪再关起来。不管怎样,这种做法能解决实际问题,年轻的物理学家们一拥而上地发展这种一份一份的想法,并建立、壮大其理论,这便是现在我们称为"量子力学"的东西。

普朗克没有提出光量子的思想。直到 1905 年,26 岁的爱因斯坦对光电效应的贡献才真正使人们看到了量子概念所闪现的曙光。

当物理学家们认识了"量子"的观念之后才发现，经典物理天空中的"乌云"并不是只有黑体辐射那一小片，其实潜藏的问题还很多，比如光电效应也是其中一个。光电效应最早是被德国物理学家赫兹发现的。赫兹用两个锌质小球做实验，当他用光线照射一个小球时，发现有电火花跳过两个小球之间，如果用蓝光或紫外线照射，电火花最明显。

但使用经典的电磁理论，很难完整地解释光电效应所观察到的实验事实：

1. 每一种金属的光电效应有一个截止频率，当入射光频率小于该频率时，无论多强的光也无法打出电子来；

2. 光电效应中产生的光电子的速度与光的频率有关，而与光强无关；

3. 光照到金属上时几乎立即产生光电流，响应时间非常短。

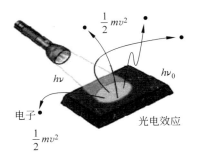

$$h\nu = h\nu_0 + \frac{1}{2}mv^2$$

h=普朗克常数
v=电子速度
ν=光量子频率
ν_0=频率阀值
m=电子质量

图 1-7-2　光电效应的量子解释

爱因斯坦在普朗克成功解释黑体辐射的启发下，比普朗克更进了一步。他不仅仅认为电磁场的能量是一份一份辐射出来的，而且光本身就是由不连续的光量子组成,每一个光量子的能量 $E=h\nu$,它只与光的频率 ν 有关,而与强度无关。这里的 h 便是普朗克常数。作了这个假设之后,便轻易地解释了上面 3 条光电效应的实验结果[15]。

光是由一个一个的光量子组成的! 这符合我们的日常生活经验吗? 爱因斯坦的光量子理论之前,人们已经习惯认为光是一种连续不断的波,像自来水不断地从水管里流出来一样,光也是连续不断地从光源发射出来,谁能看出光是一粒一粒的呢! 不过,这点倒也不难理解,因为一个光量子的能量实在是太小了,比如说,蓝光的频率 $\nu=6.2796912\times10^{14}$(Hz),普朗克常数 $h=6.6\times10^{-34}$。一个蓝光子的能量 $E=h\nu=4\times10^{-19}$ J,是个很小的数值,我们当然感觉不到一份一份光量子的存在。

爱因斯坦提出了光量子的说法,从此之后,牛顿原来信奉的光的"微粒说"似乎又重新打回了物理界。不过此粒子非彼粒子也,别看科学理论经常反反复复地似乎在转圈,但绝对不是简单的重复和循环。量子理论对光的"粒子"解释并不排斥波动说,而是用了一个新名词,称为"波粒二象性"。从量子理论的角度看来,光既是波又是光,具备两者的特点。

使用光量子的概念,可以解释刚才所说的光电效应实验的几个特征,为此我们首先看看经典解释碰到的困难。金属表面的电子,需要一定的能量才能克服金属对它的束缚而逃出来。这个能量值叫做电子所需的逸出功。每种金属的逸出功有不同的数值,比如说,金属钾的逸出功是 2.22eV。光电效应就是电子吸收了光的能量克服了逸出功而逃出金属的过程。经典理论如何来解释这个逸出过程呢?

光的经典波动理论认为,光波的能量是连续被电子吸收的,无论入射光的频率是多少都没有关系,只要光强够大,时间足够长,总是能够不停地积累能量达到"逸出功"的数值而打出一个一个的电子来。这样的话,从波动说出发,不存在什么"截止频率",这与第一个实验事实相矛盾。由上面的经典理论,光越强,给予电子的能量越多,就将使得逸出电子的动能越大,这不符合上述的第二个实验事实。此外,电子逸出所需要的能量,需要时间来积累,也不符合实验观察到的"瞬时性"。

如果将光看成是一个一个的光子,上述 3 个实验特点便很容易被解释了。从光量子理论出发,每一个光子具有的能量($h\nu$)等于光的频率 ν 乘以普朗克常数 h,这是一个不可分割的量,因为不存在半个光子或 1/4 个光子之类的东西。所以,以逸出功是 2.22eV 的金属钾为例(图 1-7-3),如果一个光子的能量少于钾中电子的逸出功的话,这种光便不能使"钾"这种材料发生光电效应,从图中可见,波长为 700nm 的红光光子的能量只有 1.77eV,不能在钾中产生光电效应。因此,这种红光的频率必定在钾的截止频率之下。第二个实验

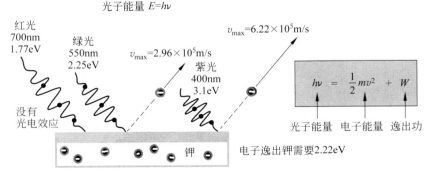

图 1-7-3　用爱因斯坦光量子理论解释钾的光电效应

事实也可以用同样的道理加以解释：逸出电子的速度由它的动能决定，这个动能等于每个光子的能量减去逸出功，而每个光子的能量又只与频率有关，与光强度无关，所以光电子的速度便只与光频率有关。此外，当一个光量子被一个电子吸收时，能量立即传递给了电子，不需要长时间的积累，由此可以解释光电效应的瞬时性。

爱因斯坦提出光量子说，认识到光以及其他粒子的波粒二象性，为量子力学的发展做出了重要贡献。之后，新理论得以飞速发展，也造就了一批"量子"英雄，那真是一个充满活力、令人神往、英雄辈出的年代。在众多物理学家的共同努力下，量子理论在 20 世纪的 20 年代末基本成型。但爱因斯坦一直无法接受以玻尔为代表的哥本哈根学派对量子理论的正统诠释，与玻尔一派展开了长时期的论战，在物理学史上被称为"世纪之争"。尽管爱因斯坦自己也没有什么好的说法来诠释奇妙的量子现象，但他在与玻尔辩论中提出的很多反对意见和思想实验，无疑地对量子力学的发展和完善起到了极大的推动作用。特别是爱因斯坦与其他两位同行在 1935 年发表的著名的 EPR 文章（EPR 为爱因斯坦、波多尔斯基和罗森的名字首字母缩写，为论证量子力学不完备而提出的悖论），促使人们对量子理论中的定域性进行了认真深入的思考和研究。在 EPR 文章中，爱因斯坦将经典理论难以理解的量子纠缠现象称为"幽灵"，这个来源于德文的不平常的词汇充分表达了爱因斯坦对量子理论的深深不理解。量子理论为何导致不可预测性？上帝真的丢骰子吗？量子纠缠如何能瞬间发生？怎样改进量子论才能与相对论协调？这些问题令始终坚持经典实在论哲学观点的爱因斯坦纠缠困惑终生。

一百多年来，量子理论在微观世界中早已大展宏图，也已经被成功地应用于科学技术领域的许多方面。在物理理论的基础研究以及与量子相关的实验方面也取得了不少新进展。量子理论的成功发展、实验物理学家们对 EPR 问题的多方面探讨,其结论似乎都没有站在爱因斯坦一边[7]。然而,爱因斯坦的质疑并非毫无道理,量子理论仍然有待完善,基础物理学仍然面对着种种困难,据说在 21 世纪将有望迎来第二次量子革命,让我们拭目以待。

2

黎曼几何

1．几何几何

　　几何是一门古老的学科，它的年龄有几何？可以让我们一直追溯到两千多年前的古希腊。实际上，恐怕没有哪一门学科，像欧几里得几何学那样在公元前就已经被创立成形，而至今都还活跃在许多课堂上和数学竞赛试题中。在笔者那一代的中学生中，不乏数学迷和几何迷，大家在几何世界中遨游，从中体会到数学的奥妙，也感受到无限的乐趣。

　　纵观科学史，牛顿、爱因斯坦都是伟人，欧拉、高斯……伟大的数学家也可以列出不少，但恐怕很难找出像欧几里得这样的科学家，从两千多年前一直到现代，人们还经常提到以他命名的"欧几里得空间"、"欧几里得几何"等名词，真可谓名垂千古而不朽了。爱因斯坦的理论刚到百年历史，牛顿时代距现在也还不过四百来年，欧几里得却是公元前的人物了。

欧几里得（Euclid，前325—前265年）的名字来源于希腊文，是"好名声"的意思，难怪他被誉为几何之父。欧几里得的主要著作《几何原本》[16]（1607年，有徐光启的中译本[17]），在全世界流传2000年，的确为他留下了好名声。

《几何原本》不仅仅被人誉为有史以来最成功的教科书，而且在几何学发展的历史中具有重要意义。其中所阐述的欧氏几何是建立在5个公理之上的一套自洽而完整的逻辑理论，简单而容易理解。这点令人惊叹，它标志着在2000多年前，几何学就已经成为了一个有严密理论系统和科学方法的学科！除了《几何原本》之外，欧几里得流传至今的著作还有另外5本，从中可以看出他对几何光学及球面天文学等其他领域也颇有研究。

欧几里得几何是一个公理系统，主要研究的是二维空间中的平面几何。所谓"公理系统"的意思是说，只需要设定几条简单、符合直觉、大家公认、不证自明的命题（称为公理，或公设），然后从这几个命题出发，推导证明其他的命题……再推导证明更多的命题，这样一直继续下去，一个数学理论便建立起来了。如上所述建立公理系统的过程颇似建立一座高楼大厦：首先铺上数块牢靠的砖头作为基础，然后在这基础上砌上第二层、第三层、第四层砖，一直继续下去，直到大厦落成。所以，"公理"就是建造房屋时水平放在基底的第一层大"砖块"。有了牢靠平放的基底，其他的砖块便能够一层一层地叠上去，万丈高楼也就平地而起。基底砖块破缺了，或者置放得不水平，楼房就可能会倒塌。

欧几里得平面几何的公理（砖块，或称公设）有5条：

1. 从两个不同的点可以作一条直线；

2. 线段能无限延伸成一条直线；

3. 以给定线段一端点为圆心，该线段作半径，可以作一个圆；

4. 所有直角都相等；

5. 若两条直线都与第三条直线相交，并且在同一边的内角之和小于两个直角，则这两条直线在这一边必定相交。

欧几里得就从这 5 条简单的公理，推演出了所有的平面几何定理，建造出一个欧氏几何的宏伟大厦。数学逻辑推理创造的奇迹令人吃惊。不过，当人们反复思考这几个公理时，觉得前面 4 个都是显然不言自明的，唯有第 5 条公理比较复杂，听起来不像一个简单而容易被人接受的直觉概念。还有人推测，欧几里得自己可能也对这条公理持怀疑态度，要么怎么把它放在 5 条公理的最后呢？并且，欧几里得在《几何原本》中，推导前面 28 个命题都没有用到第 5 公设，直到推导第 29 命题时才开始用它。于是，人们就自然地提出疑问：这第 5 条是公理吗？它是否可以由其他 4 条公理证明出来？大家的意思就是说，欧氏平面几何的大厦用前面 4 块大砖头可能也就足以支撑了，这第 5 块砖头，恐怕本来就是放置在另外 4 块砖头之上的。

第 5 条公理也称为平行公理（平行公设），由这条公理可以导出下述等价的命题：

通过一个不在直线上的点，有且仅有一条不与该直线相交的直线。

因为平行公理并不像其他公理那么一目了然。许多几何学家尝试用其他公理来证明这条公理，但都没有成功，这种努力一直延续到 19 世纪初。1815 年左右，一个年轻的俄罗斯数学家，尼古拉·罗巴切夫斯基（Nikolai Lobachevsky，1792—1856）开始思考这个问题。在试图证明第 5 公设而屡次失败之后，罗巴切夫斯基采取了另外一种思路：如果这第 5 公设的确是条独立的公理的话，将它改变一下会产生什么样的后果呢[18]？

罗巴切夫斯基巧妙地将上述与第 5 公设等价的命题改变如下："过平面上直线外一点，至少可引两条直线与已知直线不相交"。然后，将这条新的"第 5 公设"与其他 4 条公设一起，像欧氏几何那样类似地进行逻辑推理、建造大厦，推出新的几何命题来。罗巴切夫斯基发现，如此建立的一套新几何体系，虽然与欧氏几何完全不同，但却也是一个自身相容的没有任何逻辑矛盾的体系。因此，罗巴切夫斯基宣称：这个体系代表了一种新几何，只不过其中许多命题有点古怪，似乎与常理不合，但它在逻辑上的完整和严密却完全可以与欧氏几何媲美！

罗氏几何体系得到古怪而不合常理的命题是必然的，因为被罗巴切夫斯基改变之后的第 5 公设，本身就与人们的日常生活经验不相符合。过平面上直线外的一点，怎么可能作出多条不同的直线与已知直线不相交呢？由此而建造出来的数学逻辑大厦，尽管也是稳固而牢靠的，但却有它的不寻常之处。比如说，罗氏几何导出的如下几条古怪命题：同一直线的垂线和斜线不一定相交；不存在矩形，因为四边形不可能 4 个角都是直角；不存在相似三角形；过不在同一直线上的三点，不一定能作一个圆；一个三角形的 3 个内角之和小于 $180°$……。

然而，重要的是，罗巴切夫斯基使用的是一种反证法。因为既然改变第 5 公设能得到不同的几何体系，那就说明第 5 公设是一条不

能被证明的公理。所以,从此以后数学家们便打消了企图证明第
5 公设的念头。然而,由于罗氏几何得出的许多结论和我们所习惯
的欧式空间的直观图像相违背,罗巴切夫斯基生前并不得意,还遭遇
不少的攻击和嘲笑。

罗巴切夫斯基在 1830 年发表了他的非欧几何论文。无独有偶,
匈牙利数学家鲍耶·亚诺什(János Bolyai,1802—1860)在 1832 年
也独立地得到非欧几何的结论[19]。

匈牙利数学家鲍耶的父亲,正好是大数学家高斯的大学同学。
当父亲将鲍耶的文章寄给高斯看后,高斯却在回信中提及自己在
30 多年前就已经得到了相同的结果。这给予正年轻气盛的鲍耶很
大的打击和疑惑,甚至怀疑高斯企图盗窃他的研究成果。但实际上,
从高斯的文章、笔记、书信等可以证实,高斯的确早就进行了非欧几
何的研究,并在罗巴切夫斯基与鲍耶之前,已经得出了相同的结果,
不过没有将它们公开发表而已[20]。

早在 1792 年,15 岁的高斯就开始了关于平行公理独立性的证
明。他继而研究曲面(球面或双曲面)上的三角几何学,在 17 岁时就
已深刻地认识到:"曲面三角形之外角和不等于 360°,而是成比例于
曲面的面积"。1820 年左右,高斯已经得出了非欧几何的很多结论,
但不知何种原因,高斯没有发表他的这些关于非欧几何的思想和结
果,只是在 1855 年他去世后才出现在出版的信件和笔记中。有人认
为是因为高斯对自己的工作精益求精、宁缺毋滥的严谨态度;有人认
为是高斯害怕教会等保守势力的压力;也有人认为高斯已经巧妙地
将这些思想包含在他 1827 年的著作中[21]。

实际上,第 5 公设还可以用不同的方式进行改造。像罗巴切夫

斯基那样,改成"可以引最少两条平行线"的话,得到的是一种双曲几何。如果将第 5 公设改成"一条平行线也不能作"的话,便又能得到另一种新几何,称为"球面几何"。见图 2-1-1。

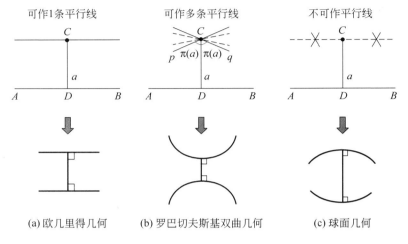

图 2-1-1　不同的平行公设得到不同的几何

本来,将第 5 公设改来改去只是数学家做的数学演绎游戏,人们不认为由此而建立的非欧几何有任何实用价值。何况,得到的几何完全不符合我们所生活的空间中看到的几何。但没想到几十年之后,非欧几何出人意料地在物理上找到了它的用途:爱因斯坦的广义相对论需要它们。

2. 迷人的曲线和曲面

继欧几里得之后的几何第一人应该是 16 世纪的笛卡儿(Rene Descartes,1596—1650)。笛卡儿对科学的贡献不仅限于数学,他被认为是西方现代哲学的奠基人。他有一个著名的哲学命题"我思故我在"：我存在，是因为我具备推理的固有能力。笛卡儿提倡自由地"普遍怀疑"，提醒人们不要轻易相信不那么可靠的感官。笛卡儿的哲学思想为我们确立了对科学研究应有的基本态度。他也将自己的哲学思想用于数学。正是为了保证数学研究的严谨可靠，他引入坐标系而创造了解析几何。

引入坐标概念的解析几何是几何发展中的一个重要里程碑。这种解析处理的方法使几何问题变得简单多了，并且使可研究的图形范围大大扩大了。对于平面曲线来说，欧氏几何中一般只能处理直线和圆。而现在有了坐标及函数的概念之后，直线可以用一次函数表示；圆可以用二次函数表示。二次函数不仅能够表示圆，还能表示椭圆、抛物线、双曲线等其他情形，甚至于用一个给定的方程式 $f(x,y)=0$ 就可以表示任意平面曲线，这些都使欧氏几何学望尘莫及。如果论及三维空间的话，在解析化之后，还能用三维坐标 (x, y, z) 和它们的代数方程式，表示各种各样的空间曲线和奇形怪状的曲面。进一步谈到更高维的空间，欧几里得几何就难有用武之地了。

牛顿和莱布尼茨发明了微积分之后，基于解析几何和微积分发展起来的微分几何如虎添翼，使得那个时代的数学和物理都面目一新。像罗巴切夫斯基那样使用传统的公理方法来研究几何，显然要输人一筹。也许高斯早就认识到这点，因此他并不看重他少年时代对非欧几何所作的工作，他的兴趣早就转移到了对曲线和曲面的微分几何的研究。

微分几何的先行者中有欧拉、克莱洛、蒙日以及高斯等人。法国数学家亚历克西斯·克莱洛（Alexis Clairaut，1713—1763）[22] 是个名副其实的神童,他的父亲是位数学教授,克莱洛 9 岁开始读《几何原本》,13 岁时就在法国科学院宣读他的数学论文。克莱洛对空间曲线进行了深入研究,第一次研究了空间曲线的曲率和挠率(当时被他称为"双重曲率")。1731 年,18 岁的克莱洛发表了《关于双重曲率曲线的研究》一文,文中他公布了对空间曲线的研究成果,除了提出双重曲率之外,还认识到在一个垂直于曲线的切线的平面上可以有无数多条法线,同时给出了空间曲线的弧长公式。克莱洛并因此成为法国科学院有史以来最年轻的院士。蒙日(Gaspard Monge,1746—1818)也是法国数学家,他是画法几何学的创始人。

什么是曲线的曲率和挠率? 我们从图 2-2-1(a)中所示的 3 条平面曲线来认识曲率。那 3 条曲线,就像是 3 条形状不同的平地上的高速公路。

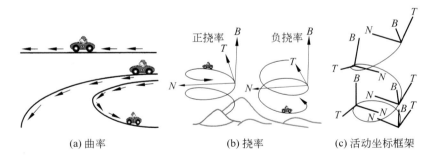

(a) 曲率   (b) 挠率   (c) 活动坐标框架

图 2-2-1   曲线的曲率和挠率

我们首先需要引进曲线的切线,或称为"切矢量"的概念,切矢量即为当曲线上两点无限接近时它们连线的极限位置所决定的那个矢量。图 2-2-1(a)所示的公路上,所标示的所有箭头便是在曲线上各个点切矢量的直观图像。而曲率是什么呢? 曲率表征曲线的弯曲程度。比如说，图 2-2-1(a)中最上面一条公路是直线，直线不会拐弯，我们说它的弯曲程度为 0，即曲率等于 0。这个 0 曲率与切矢量的变化是有关系的。看看直线上的箭头就容易明白了：上面所有箭头方向都是一样的。也就是说，曲率为 0(直线)就是意味着切矢量的方向不变，或切矢量的旋转速率等于 0。再看看图 2-2-1(a)中下面两条曲线，当弧长(汽车驶过的路程)增加时，这两条切矢量在不断地旋转，曲线也随之而弯曲，切矢量旋转得越快，曲线的弯曲程度也越大。所以，数学上就把曲率定义为曲线的切矢量对于弧长的旋转速度。

平地上弯弯曲曲的公路可以看作是平面曲线，用"曲率"就可以描述它们。如果公路是修建在山区中，它们一边转弯还要一边盘旋向上或者向下。这时候，汽车驶过的路径便已经不是平面曲线，而是空间曲线了。对于山间的公路，如图 2-2-1(b)所示，我们除了可以看到其弯曲的程度之外，还能观察到公路往上(或者向下)绕行的快慢。如果用数学语言来表述的话，就是说对于空间曲线而言，除了仍然可以用曲率来描述其切线旋转的速度之外，还需要有另外一个几何量来描述这个曲线偏离平面曲线的程度，或者说是绕行时高度升高的快慢。我们将这个几何量叫做"挠率"。

可以在曲线的每一个点定义一个由 3 个矢量组成的三维标架，来描述三维空间中的曲线。首先考虑平面曲线，令曲线的切线方向为 T，在曲线所在的平面上有一个与 T 垂直的方向 N。如果对于圆周来说，N 的方向沿着半径指向圆心。N 被称为曲线在该点的"主法线方向"。在这条法线的前面加上了一个"主"字，是因为与切线 T 垂直的矢量不止一个，实际上它们有无穷多个，都可以称为曲线在该点的法线。这些法线构成一个平面，叫做通过该点的"法平面"。这所有的法线中,主法线是比较特别的一个。定义了切线 T 和主法线 N 之后,使用右手定则可以定义出三维空间中的另一个矢量 B,B 也是法线之一,称为"次法线"。对平面曲线而言,每个点的切矢量 T 和主法线 N 的方向都逐点变化,唯有次法线 B 的方向不变。次法线的方向永远是垂直于曲线所在平面的,因此,一条平面曲线上每个点的次法线都指向同一个方向,即指向与该平面垂直的方向。

对一般的空间曲线,情况有所不同。次法线的方向代表了与曲线"密切相贴"的那个平面,在一般三维曲线的情形下,这个密切相贴的平面逐点不一样,被称为曲线在这个点的"密切平面"。如图 2-2-1(c) 所示,对一般的三维曲线而言,在曲线上不同的点,三个标架 T、N、B 的方向都有所不同。每一点的次法线 B 的方向也会变化,不过它仍然与该点的密切平面垂直。

挠率被定义为次法线 B 的方向随弧长变化的速率,描述了曲线偏离平面曲线的程度。一条空间曲线的曲率和挠率在空间的变化规律完全决定了这条曲线。

用微积分的方法对曲线及曲面进行研究,除了欧拉、克莱洛等人的贡献之外,蒙日的工作举足轻重。蒙日对曲线和曲面在三维空间中的相关性质作了详细研究,并于 1805 年出版了第一本系统的微分几何教材《分析法在几何中的应用》,这部教材被数学界使用达 40 年之久。蒙日自己是个一流的数学教师,讲起课来像说书讲故事一样生动形象。他培养了一批优秀的数学人才,其中包括刘维尔、傅里叶、柯西等人,形成了所谓的"蒙日微分几何学派"。他们的特点是将微分几何与微分方程的研究紧密结合起来,因而在研究曲线和曲面微分几何的同时,也大大促进了微分方程理论的进展。

蒙日对曲面的微分几何性质进行了许多研究，特别是对直纹面进行了许多研究。直纹面是一类用特别方式产生的曲面。简单地说，如果我们将一把"尺"在空间中移动，就能产生出一个曲面来。这种由于"尺子"的移动，或者说由于"一条直线"的平滑移动而产生的曲面，便叫做"直纹面"。

一把尺子在空间移动的方式可以多种多样，这样就可以形成各种不同的直纹面。举例说，最简单的情形就是尺子平行地沿着直线移动，那就将形成一个平面；如果尺子平行地沿着圆圈移动，就将形成一个柱面；又如果尺子一端固定不动，另一端作圆周运动，将形成锥面。此外，还有很多别的形状的直纹面，如双曲面、切线面、螺旋面等。

当微分几何的研究范围从曲线扩大到曲面的时候，增加了一个本质上的全新概念：内蕴性。

解释内蕴性之前，先介绍一下与内蕴性紧密相关的可展曲面和不可展曲面。

图 2-2-2 的(a)和(b)，分别列举了几个不可展曲面和可展曲面。从日常生活经验，很容易理解"可展"和"不可展"的含义。从图 2-2-2(b)也可以看出，可展面就是可以展开成平面的那种曲面。比如，将图 2-2-2(b)所示的锥面，用剪刀剪一条线直到顶点，就可以没有任何皱褶地平摊到桌子上。柱面也可以沿着与中心线平行的任何直线剪开，便成了一个平面(图 2-2-3)。

图 2-2-2(a)所列举的是不可展曲面，也就是不能展开成平面的曲面。也可以用与刚才反过来的过程来解释可展和不可展。你用一张平平的纸，很容易卷成一个圆筒(柱面)，或者是做成一顶锥形的帽

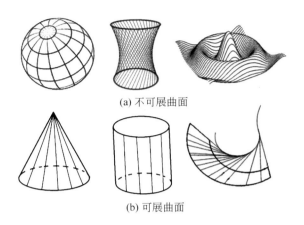

(a) 不可展曲面

(b) 可展曲面

图 2-2-2 不可展曲面和可展曲面

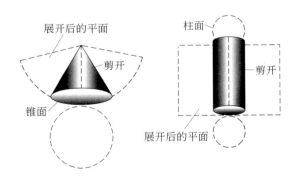

图 2-2-3 锥面和柱面展开成平面

子,但你无法做出一个球面来。你顶多只能将这张纸剪成许多小纸片,粘成一个近似的球面。同样的道理,你也无法用一张纸做出如图 2-2-2(a)所示的马鞍面的形状。由此可直观地看出可展面与不可展面的区别。

图 2-2-2(b)中右边所示的切线面也是一种可展曲面。并且,数学上可以证明,可展曲面只有图 2-2-2(b)中所示的柱面、锥面和切线

面这三种直纹面。也就是说,可展曲面都是直纹面,但直纹面却不一定可展,比如图 2-2-2(a)中图所示的双曲面(也叫马鞍面)就是一种不可展的直纹面。

球面不是直纹面,球面也是不可展的。一顶做成近似半个球面的帽子,无论如何你怎么剪裁它,都无法将它摊开成一个平面。

不可展是某些曲面的性质。曲线都是可展的,因为一条曲线无论弯曲成什么形状,都可以毫无困难地将它伸展成一条直线。

3. 爬虫的几何

在上一节中画出的曲面,都是从三维空间看到的曲面形状。也就是将曲面嵌入到三维欧几里得空间中画出来的曲面形态。在介绍曲面的可展性之前,我们也说过曲面可能具有的某种内蕴性质。所谓"内蕴",是相对于"外嵌"而言。指的是曲面(或曲线)不依赖于它在三维空间中嵌入方式的某些性质。也就是说,曲面可能具有某些内在的、本质的几何属性。

可以用如下比喻来解释"外嵌"和"内蕴"的区别:一个机械设计师,加工一个机械零件的球形表面,他是从他所在的三维欧几里得空间来看待和测量这个球面的,即使用外嵌的观察方式。但是,一个测地员在地球表面测量到的几何性质,则是内蕴的球面几何,见图 2-3-1。

机械工程师的外嵌方式与我们日常生活中看待曲面的方式是一致的。因而,外嵌不难理解,但是对于内蕴的概念,就需要花点功夫

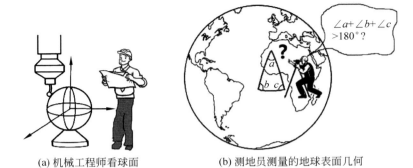

(a) 机械工程师看球面 　　　　(b) 测地员测量的地球表面几何

图 2-3-1 　看待球面的不同方式：外嵌和内蕴，得到不同几何性质

去"设身处地"地体会体会了。

　　一个观察者在自己生活的物理空间中所能够观察和测量到的几何性质就是这个空间的内蕴性质。比如说，球面的内蕴性质就是生活在球面上的二维爬虫感受到的几何性质。我们人类当然是三维的生物，不是什么二维的爬虫。但是，因为地球很大，所以我们的三维尺寸比起地球来是很小的。因此，可以将我们设想成某种二维生物在地球上进行大范围内地表的测量，这样测量出来的几何，与我们平时在小范围中测量到的欧氏几何有所不同。如此测量到的内蕴几何性质有哪些呢？二维爬虫可以测量爬过的长度、两条线之间的角度、一条闭合线围成的区域的面积，等等。比如在图 2-3-1(b)的例子中，测地员将会发现，他测量到三角形的内角和大于 180°。

　　对曲线而言，"爬虫"只能是一维生物，想象一下它们在曲线上看到的几何，可以帮助我们更好地理解内蕴性。一条线可以在三维空间中看起来转弯抹角地任意弯曲，即随意改变它的曲率和挠率，但是生活在线上的"点状蚂蚁"却观察体会不到这些"弯来绕去"。它在曲线上不能知道周围空间的任何信息,它唯一能测量到的几何量只是它爬过的弧长。因此,蚂蚁在空间的曲线上爬,或者在空间的直线上爬,测量到的几何是一模一样的。即使它在我们外部看起来非常弯曲的线上爬,它也感觉不出它的世界与直线有任何的不同。

所以,就曲线而言,没有什么与"外嵌"不同的"内蕴"几何。所有曲线的内蕴性质都是一样的,也都和直线内蕴性质一样,因为它们只有一个内蕴几何量:弧长。读者可能会问:你前面介绍的空间曲线的曲率和挠率,又是什么性质呢?那是从三维空间观察这条曲线时得到的"外在"几何特性,但却并不是内蕴几何量,对曲线来说,只有弧长才是内蕴的。

曲线没有内蕴几何,曲线都是可展的。由此可知,内蕴几何性质与可展性有关,对曲面来说也是如此。所以,现在我们要研究一下曲面上的爬虫会看到一些什么样的几何?

让我们遵循笛卡儿的思想,不要随便相信我们的感官。在判定曲面的内蕴性质时,需要一些数学概念来进行一点理性的分析。对空间曲线,我们定义过"外在"的曲率和挠率,但对于嵌入三维空间的球面,我们还没有定义过类似的"外在"几何量。

如何描述三维空间中曲面的弯曲情况?首先,我们可以将曲线中曲率的定义推广到曲面上。

通过曲面上的一个给定点 G,可以画出无限多条曲面上的曲线,因而可以作无限多条切线。可以证明,这些切线都在同一个平面上,这个平面被称为曲面在这点的"切平面",通过该点与切平面垂直的直线叫做曲面在这点的"法线"。

现在,我们通过法线可以作出无限多个平面,这每一个平面都与曲面相交于一条平面曲线 C，并且，可以定义平面曲线 C 在 G 点的曲率，如图 2-3-2(a)所示，曲线 C_1、C_2…在 G 点的曲率分别为 Q_1、Q_2…。

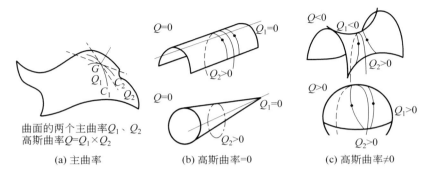

(a) 主曲率　　　　　(b) 高斯曲率=0　　　　　(c) 高斯曲率≠0

图 2-3-2　曲面的两个主曲率及高斯曲率

　　在所有的这些曲率（Q_1、Q_2…）中，找出最小值 Q_1 和最大值 Q_2，把它们叫做曲面在点 G 的"主曲率"。对应于主曲率的两条切线方向总是互相垂直的。这是大数学家欧拉在 1760 年得到的一个结论，称为曲面的两个"主方向"。从图 2-3-2(b)和图 2-3-2(c)可以看到，曲面上给定点的两个主曲率可正可负也可为 0。当曲线转向与平面给定法向量相同方向时，曲率取正值，否则取负值。

　　空间曲线的曲率和挠率并不是内蕴的。对曲面来说，欧拉定义了两个主曲率，将这两个主曲率相加再除以 2，可以定义"平均曲率"。然而人们发现，主曲率和平均曲率都不是内蕴几何量。

　　蒙日虽然分析、研究了很多种类的曲面，但他并没有考虑这些曲面的内蕴性质。也就是说，他并没有把曲面看作一个独立于外界环境而存在的几何对象来研究。第一个将曲面独立于它所嵌入的三维空间来看待的人是高斯。高斯从曲面的可展、不可展性质联想到它们的内蕴性。虽然主曲率和平均曲率不是内蕴的,但高斯从几何直观感觉到,应该存在某种"内蕴曲率"。最后,高斯证明了"高斯曲率",即两个主曲率的乘积,代表曲面的一种内蕴性质。

曲面有可展(成平面)与不可展之分。一个球面是不可展的,因为你不可能将它铺成一个平面,而柱面可展,它具有与平面完全相同的内在几何性质。可展性反映了曲面某种内在的性质。如果有一种生活在柱面上的生物的话,它会觉得与生活在平面上是一模一样的,但球面生物就能感觉到几何上的差异。比如说,柱面生物在它的柱面世界中画一个三角形,将三角形的三个角加起来,结论与平面生物得到的一致,会等于180°。而球面生物在它的世界中画一个三角形,它将会发现三角形的三个角加起来要大于180°。

高斯意识到,弧长是曲面最重要的内蕴几何量。只要在足够小的范围内,构造了计算弧长微分的公式(高斯将它称之为曲面的第一基本表达式),便可以得到角度、面积等其他内蕴量,建立起曲面的内蕴几何。

1827年,高斯发表了《关于曲面的一般研究》一文,研究曲面情形之下能够独立发展的几何性质[23]。高斯将他的结论命名为"绝妙定理",其绝妙之处就是在于它提出并在数学上证明了内蕴几何这个几何史上全新的概念。它说明曲面并不仅仅是嵌入三维欧氏空间中的一个子图形,曲面本身就是一个空间,这个空间有它自身内在的几何学,独立于外界的三维空间而存在。这篇论文建立了曲面的内在几何,使微分几何自此成了一门独立的学科。

4. 爱因斯坦和数学

牛顿创立了经典力学、发明了微积分。他既是伟大的物理学家，又是伟大的数学家。爱因斯坦解释了光电效应、发展了量子理论、建立了狭义和广义相对论，对现代物理学作出了划时代的贡献，但他并不是一个数学家。他年轻时修数学课程还经常逃课，以至于他在苏黎世联邦理工学院读书时的数学老师闵可夫斯基称他为"懒狗"。

爱因斯坦重视物理思想，不为数学操心，因为他幸运地结交了两位优秀的犹太人数学家朋友。他们为他的两个相对论中的数学作了重要的基础工作。这其中的一人就是刚才谈到的闵可夫斯基。

赫尔曼·闵可夫斯基（Hermann Minkowski，1864—1909）是出生于俄罗斯的德国数学家，曾经是爱因斯坦在瑞士苏黎世求学时代的老师。当初他很不看好这个蓬头垢面、从不认真上课的学生，曾经当面对爱因斯坦说，他"不适合做物理"。不过，当爱因斯坦建立狭义相对论之后，闵可夫斯基却成为了一名对相对论极其热心的数学家。他在1907年提出的四维时空概念，成为相对论最重要的数学基础之一。不幸的是闵可夫斯基才45岁就因急性阑尾炎抢救无效而去世。据说他临死前大发感慨，说自己在相对论刚开始的年代就死去，实在太划不来了。

另一位对爱因斯坦极有影响的数学家是他的同学格罗斯曼。

瑞士数学家马塞尔·格罗斯曼（Grossmann Marcell，1878—1936）与爱因斯坦缘分很深，是爱因斯坦年轻时的铁杆儿朋友。有人甚至说,没有格罗斯曼,就没有伟人爱因斯坦。格罗斯曼在学校里是个上课认真听课、做笔记的好学生。然后,这些完整的笔记就成为爱因斯坦每次考试时的救命稻草,让他得以敷衍考试、完成学业、用心思考他认为更重要的"物理大事"。爱因斯坦大学毕业后,找不到好工作,后来靠格罗斯曼父亲的关系,推荐他到瑞士专利局作职员。

后来,格罗斯曼成为黎曼几何专家。在爱因斯坦为找不到适当的数学工具来表述他的天才物理思想而困惑多年之后,向爱因斯坦提起了黎曼几何,使得爱因斯坦顺利克服难关,创立了他最为得意的弯曲时空的物理理论:广义相对论。

数学,特别是黎曼几何,无疑对爱因斯坦创立广义相对论起到了至关重要的作用。尽管爱因斯坦曾经被数学老师称为懒狗,公众中还有过说他数学曾经不及格之类的传言,但那都不是一个真实的爱因斯坦。其实,爱因斯坦并不缺少数学天赋。按他自己的说法,16 岁之前就已学会欧氏几何和微积分。只不过,年轻时代的爱因斯坦出于对物理的执着和热爱,只把数学看成为表述他的物理思想的语言和工具。

爱因斯坦曾经在一次演讲中谈到数学和物理的关系时作了一个比喻。大意是说,如果没有几何只有物理,就好像文学中没有语言只有思想一样。的确如此,爱因斯坦对时间、空间非同寻常的见解,对引力、加速度等效而使得时空弯曲的几何思想,令他感到无比快乐而着迷。因此,他当时感到急需找到一种合适的语言来描述他的物理概念,说出他深奥的思想!这是一种什么样的语言呢?在建立广义相对论的过程中,爱因斯坦迷惘而困惑了好几年,直到 1912 年的一天,他突然想到,解开秘密的钥匙似乎就是高斯的曲面论。于是,他立刻请教好友格罗斯曼。完全出于他的意料之外,格罗斯曼告诉他,比高斯的曲面论更进了一步,半个世纪之前的黎曼,已经帮他的引力理论想出了一个完美的数学结构:黎曼几何。

格罗斯曼还给爱因斯坦介绍了另外一位数学家:列维-齐维塔(Levi-Civita,1873—1941)。列维-齐维塔是意大利的犹太裔数学家,和他的老师、另一位意大利数学家里奇-库尔巴斯托罗(Ricci Curbastro,1853—1925)一起创建了张量分析和张量微积分。列维-齐维塔后来与爱因斯坦关系密切,以至于当别人问到爱因斯坦最喜欢意大利的什么东西时,爱因斯坦风趣地回答:"意大利面条和列维-齐维塔!"

所以,尽管爱因斯坦自己不是数学家,但他得到了数学界这几个"贵人相助",不亦乐乎。闵可夫斯基帮他研究四维时空;列维-齐维塔让他明白张量代数和张量微积分;而格罗斯曼则教给他黎曼几何,这是个对他建立广义相对论至关重要的数学基础。

和高斯一样,黎曼(Bernhard Riemann,1826—1866)也是德国数学家,同样出生在贫困的普通家庭。黎曼比高斯刚好小50岁,于1826年生于德国的一个小村庄。黎曼19岁进入哥廷根大学读书时,高斯已经年近70,是鼎鼎有名的大学教授。在听了高斯的几次数学讲座之后,黎曼下决心改修数学,成为了高斯晚年的学生。博士毕业后,黎曼为了申请哥廷根大学的一个教职,作了一个题为《论作为几何基础的假设》的就职演说(英文翻译版[24]),并由此创立了黎曼几何。

如前所述,高斯对曲面定义了内在的高斯曲率,即曲面上某一点的两个主曲率之乘积。而罗巴切夫斯基建立的非欧几何,则是从改变欧氏几何的第 5 公设而得到的。在黎曼的就职演说中,他将二维曲面中的球面几何、双曲几何(即罗巴切夫斯基几何)和欧氏几何,以及这三种几何与高斯曲率 α 的关系,统一在下述表达式(2-4-1)中:

坐标系 x 中的弧长微分表达式,式中的 α 为高斯曲率:

$$\mathrm{d}s = \frac{1}{1 + \frac{1}{4}\alpha \sum x^2} \sqrt{\sum \mathrm{d}x^2} \qquad (2\text{-}4\text{-}1)$$

E=三角形内角和

$\alpha=+1, E>180°$
球面几何

$\alpha=-1, E<180°$
双曲几何

$\alpha=0, E<180°$
欧氏几何

式(2-4-1)中的 α 为高斯曲率,当 $\alpha = +1$,所描述的是三角形内角和 E 大于 180°的球面几何;当 $\alpha = -1$,所描述的是内角和 E 小于 180°的双曲几何;当 $\alpha = 0$,则对应于通常的欧几里得几何。黎曼引入度规(附录 C)的概念,将 3 种几何在微分几何的框架中统一在一起。

从上一节中我们知道,曲面上的弧长是最基本内蕴几何量。根据弧长微分的表达式可以定义空间的度规,从而计算其他的几何量。在二维空间中,度规是一个 2×2 的矩阵,或者使用黎曼几何的语言来说,是一个 2 阶张量(有关张量和度规的更详细介绍,请参考附录 B 和附录 C)。于是,黎曼就认真研究了曲面上的度规,即在曲面上如何表示一小段弧长。然后,根据弧长微分表达式的不同,得出了不同的曲面内在几何性质。

简而言之,度规告诉我们如何在坐标系中度量一小段弧长。有了度规,就有了度量空间长度的某种方法,也就能够测量和计算距离、角度、面积等其他几何量,从而建立空间中的几何学。因此,我们也不妨研究一下二维空间中弧长微分表达式的特点。

欧几里得空间中的微小弧长可以由勾股定理得到。比如,图 2-4-1(a)和图 2-4-1(b)分别表示在二维欧几里得空间(平坦空间)中,微小弧长在直角坐标(x,y)和极坐标(r,θ)中的表达式。现在,考虑一个非欧几里得二维空间,比如说球面,计算微小弧长的最简单方法就是将它嵌入到三维的欧氏空间中,如图 2-4-1(c)所示。同样可以在三维空间中应用勾股定理,得到二维球面上(经纬)极坐标(θ,ϕ)中的 $\mathrm{d}s^2$ 表达式。

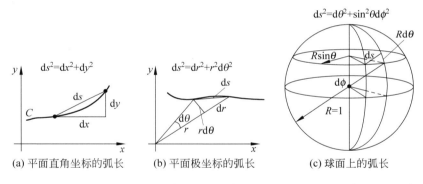

(a) 平面直角坐标的弧长　　(b) 平面极坐标的弧长　　(c) 球面上的弧长

图 2-4-1　平面(a、b)和球面(c)上的弧长微分的几何图像和表达式

图 2-4-1 中 3 种情况下的弧长平方($\mathrm{d}s^2$)表达式中,关于坐标微分平方的系数,就是这 3 种情形下的度规张量 g。它们也可以被写成矩阵的形式:

平面直角坐标:

$$g = \begin{bmatrix} 1 & 0 \\ 0 & 1 \end{bmatrix} \qquad (2\text{-}4\text{-}2)$$

平面极坐标：

$$g = \begin{bmatrix} 1 & 0 \\ 0 & r^2 \end{bmatrix} \tag{2-4-3}$$

球面经纬线坐标

$$g = \begin{bmatrix} 1 & 0 \\ 0 & \sin^2\theta \end{bmatrix} \tag{2-4-4}$$

总结一下这 3 种情况下度规的性质：

式(2-4-2)的平面直角坐标度规是个简单的 δ_{ij} 函数(i 等于 j 时为 1，否则为 0)，而且对整个平面所有的 p 点都是一样的；式(2-4-3)的平面极坐标度规对整个平面不是常数，随点 p 的 r 不同而不同；式(2-4-3)的球面坐标上的度规也不是常数。

平面上的直角坐标和极坐标同样都是描述平坦、无弯曲的欧几里得平面，但两种坐标下度规的形式却不同。不过，平面中的极坐标和直角坐标是可以互相转换的，因此极坐标的度规可以经过坐标变换而变成 δ 函数形式的度规。

看起来，δ 函数形式的度规是欧氏空间的特征。那么，现在就有一个问题：第 3 种情况的球面度规是否也可以经过坐标变换而变成 δ 形式的度规呢？对此数学家们已经有了证明，答案是否定的。也就是说，在 ds 保持不变的情形下，无论你作何种坐标变换都不可能将球面的度规变成 δ 形式。由此表明了一个重要的事实：球面的内在弯曲性质无法通过坐标变换而消除。因此，度规便可以区分平面和球面或其他空间的内在弯曲状况。也就是说，度规的性质决定了空间的内在曲率。

黎曼对微分几何的重要贡献在于他将二维曲面及度规的概念扩

展到了"n 维流形"。流形的名字来自于他原来的德语术语 Mannigfaltigkeit,英语翻译成 manifold,是"多层"的意思。嵌入在三维空间中各种形态的二维曲面,使我们能够直观地想象"二维流形"。但对超过或等于三维的流形,就很难有直观印象了,那就需要借助于数学工具来分析,这也正是数学的魅力所在。

圆柱面、球面和双曲面是二维流形的例子,第一种是平坦流形,后两个是弯曲的。一般的流形,不但"不平",而且其"不平"度还可以逐点不一样,流形的整体也可能有你意想不到的任何古怪形状。

类似于二维流形,在 n 维黎曼流形上每一点 p 可以定义"黎曼度规"$g_{ij}(p)$,这种以空间中的点为变量的物理量叫做"场"。也就是说,在流形上可以定义一个黎曼度规场:

$$ds^2 = \sum_{i,j=1}^{n} g_{ij}(p)dx^i dx^j \qquad (2\text{-}4\text{-}5)$$

大多数流形都不是"平"的。高斯定义了高斯曲率来描述平面和"不可展"曲面的差异,黎曼将曲率的概念扩展为"黎曼曲率张量"。那是 n 维流形每个点上的一个 4 阶张量,张量的分量个数随 n 的增大变化很大,并且表达式非常复杂。不过,由于对称性的原因,可以将独立的分量数目大大减少。黎曼研究的是一般情况下的 n 维流形,通常 $n \geqslant 3$,但我们人类的大脑想象不出,计算机也画不出来这些高维而又"不平坦"的流形是个什么样子,所以只好用嵌入三维空间的二维曲面的图像来表示这种"弯曲"流形,如图 2-4-2 所示。

虽然大多数流形整体而言都是弯曲的,但是流形的每一个点附近的局部范围,都可以看成是欧几里得空间。也就是在这个局部的欧氏空间中,可以定义局部的直角坐标系、度规张量等。需要强调的

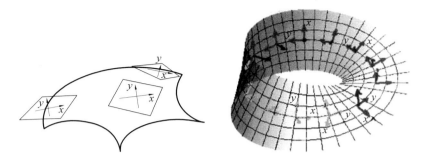

图 2-4-2　过流形上每一点的切空间

是,这些局部直角坐标框架是逐点变化的活动标架,如图 2-4-2 所示,而不是像在原来的欧氏空间中整个空间都使用一个固定的坐标系统。

5. 矢量的平行移动

如前所述,就空间的内在属性而言,有平坦和弯曲之分,那么它们的几何图像有什么不同呢? 欧氏空间是平坦空间,比如我们生活其中的三维欧氏空间。一张纸、一块黑板,则可以代表平坦的二维欧氏空间。欧氏空间的坐标图像比较简单。想象在三维空间中有一个大大的(x,y,z)直角坐标框架,或者是二维空间中的(x,y)框架,空间中任意一点的位置,都可以用这个直角坐标系来确定。而弯曲空间(或流形)就不同了,它没有一个整体的直角坐标框架,而是在每一点都有一个局部的直角框架,像图 2-4-2 中所表示的那样。

欧几里得空间中使用一个固定的整体坐标系,很方便比较不同点的两个矢量的大小,只需要比较它们在整体坐标系中分量的大小就可以了。或者也可以将它们的端点移动到一起来进行比较，如图 2-5-1(a)所示。如果要在流形上作比较就不是那么简单了。比如，要比较图 2-5-1(b)中的矢量 A 和矢量 B，因为每个点使用不同的坐标系，A 的分量与 B 的分量是在两个不同坐标系（(x_1, y_1）和（x_2, y_2））下面的数值，比较失去了意义。于是，我们可以考虑第二种方法：将矢量 B 从 p_1 "平行移动" 到 A 所在的位置 p_2 之后再进行比较。其实这样做也存在同样的问题：流形上的平行移动是什么意思呢？

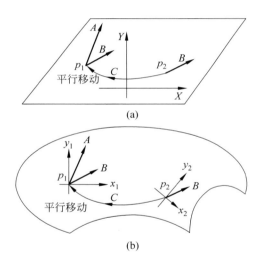

图 2-5-1 （a）欧氏空间的平行移动，（b）流形上的平行移动

因此，我们需要理解在流形上一个矢量沿着一条线（图中的曲线 C）如何进行"平行移动"？

最简单的情况是二维欧几里得平面上的平行移动。回想一下图 2-2-1(b)中所画的高速公路上行驶的汽车，汽车的速度是一个指向前方的矢量。如果汽车在平直的公路上开，这个速度矢量便随汽车向前平行地移动。如果公路是弯曲的,汽车的速度矢量便也就不断转向,作的运动就不是平行移动了。但是如果汽车上放置了一个陀螺仪,那么,无论汽车是在直路行驶,还是在弯路行驶,陀螺仪总是指向一定的方向,所以,陀螺仪所代表的那个矢量,是一直作平行移动的。

什么是平行移动? 简单地说,就是将一个矢量平行于自身的方向沿着空间里的一条曲线移动。像刚才汽车上的陀螺仪那样,汽车沿公路运动时,它总是平行于自己原来的指向。不过,如何给平行移动下一个更为数学化的定义呢? 如果在二维平面的直角坐标系中考虑这个问题的话,平行移动的意思就是:"保持这个矢量在欧几里得直角坐标系中的分量不变"。就像图 2-5-1(a)所画的一样。关键点仍然返回到流形上如何"保持分量不变"的问题。

我们可以按照微积分的观点来思考"平行移动"的问题。沿着某条曲线的平行移动是由许多沿着无穷小的一段弧长 ds 平行移动的连续操作而构成的。如果明白了"平行移动无穷小弧长 ds"的意思,也就明白了整个平行移动。由上可知,平行移动就是要在弧长改变为 ds 时,尽量保持矢量不改变,也就是说,矢量对弧长的导数为 0,即:

$$dV/ds = 0$$

如果是在欧氏空间的直角坐标下作平行移动,坐标基矢是不变的,上面的式子就是普通的导数,因而可以得到:$dV^j/ds = 0$,即矢量每一个分量的导数都为 0。但是,如果是在流形上作平行移动的话,还需要考虑坐标轴的基矢逐点变化这个事实,因而上面公式中的导数要被协变导数所代替。有关协变导数的更多介绍,有兴趣的读者可参考附录 D。

在流形上代之以对 V 的协变导数之后，原来的平行移动微分表达式 $\mathrm{d}V^j/\mathrm{d}s = 0$ 变成了：

$$\mathrm{d}V^j/\mathrm{d}s + \Gamma^j_{np}V^n\mathrm{d}x^p/\mathrm{d}s = 0$$

其中 Γ^j_{np} 的意义参见附录 D。

在物理上，更感兴趣的是一个矢量平行移动一圈后再回到原来出发点的时候是否会有所改变？比如跟着汽车转了一圈的陀螺仪，指的方向是否还和原来出发时的方向一样？也许你不假思索就会给出答案：当然没有什么改变。但这是因为你习惯了用欧氏空间的直角坐标系来思考问题所轻易得出的结论。如果我们假设地面是一个欧几里得平面，陀螺仪平行移动回到原处时，方向的确不会改变。但是，每个人都知道，我们的地球是一个球，所以我们实际上是生活在一个球面上。那么，如果从球面（或者别的曲面）的角度考察这个问题，又会得出什么样的结论呢？

所谓"平行移动"的意思是说，在移动矢量的时候，尽可能保持矢量方向相对于自身没有旋转。一个女孩平行地前进、后退、左右移动，只要她的身体没有扭动，就叫平行移动。这样，当她移动一周回到出发点的时候，她认为她应该和原来出发时面对着同样的方向。她的想法是正确的，如果她是在平面上移动的话。但是，假如她是在球面上移动的话，她将发现她面朝的方向可能不一样了！出发时她的脸朝左，回来时却是脸朝前，见图 2-5-2(b)。

比如，假如将女孩面对的方向用一个箭头（矢量）来表示。图 2-5-2(a)所示的是一个矢量在莫比乌斯带上的平行移动，当矢量从位置 1 出发，沿着数字 1、2、3、…一直移动到 10，也就是回到原来的出发位置时,得到的矢量和原来的反向。图 2-5-2(b)中所示是球面上的平行移动,当矢量从位置 1 出发,沿着数字 1、2、3、…一直移动到 7,也就是回到原来的出发位置时,得到的矢量和原来的矢量垂直。

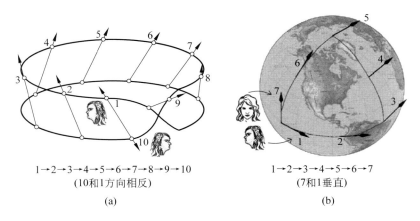

$1\rightarrow2\rightarrow3\rightarrow4\rightarrow5\rightarrow6\rightarrow7\rightarrow8\rightarrow9\rightarrow10$
(10和1方向相反)
(a)

$1\rightarrow2\rightarrow3\rightarrow4\rightarrow5\rightarrow6\rightarrow7$
(7和1垂直)
(b)

图 2-5-2 (a)莫比乌斯带上的平行移动和(b)球面上的平行移动

上面的两个例子说明,矢量在曲面上平行移动一周之后,不一定还能保持原来的方向,可能与出发时有所差别。这个差别正好与曲面的高斯曲率有关。

6. 阿扁的世界

下面我们研究在锥面上的平行移动。比如说,让我们想象有一个极小极扁的平面生物"阿扁",生活在一张平坦的纸上。阿扁使用直角坐标系对他的平坦世界进行观察和测量。他感受到的几何,是标准的欧几里得几何:三角形的三个内角之和等于 $180°$;过不在同一直线上的 3 点,可以作一个圆;直角三角形的 2 条直角边长度的平方和等于斜边长的平方等。

阿扁也学过微积分,会计算许多图形的面积,懂得矢量和张量等概念。阿扁经常在他的世界中驾车旅行,绕行一圈回来之后,他车上的陀螺仪方向总是与原来方向相同,如图 2-6-1(a)所示的那样。

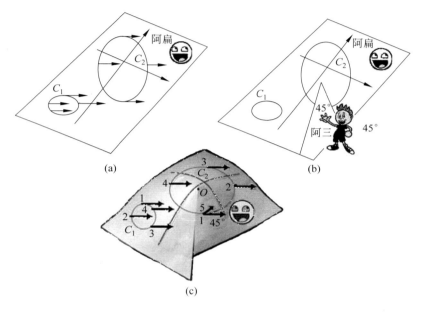

(a)

(b)

(c)

图 2-6-1 阿扁的世界

有一天,来了一个三维世界的小生物"阿三"。阿三看中了阿扁生活的这张纸,并且突发奇想,把这张纸剪去了一个角。比如说,像图 2-6-1(b)所画的情形,剪去了一个 45°的角,然后将剩余图形的两条剪缝黏在一块儿,做成了一个图 2-6-1(c)所示的锥面。阿扁是个二维小爬虫,他看不见阿三,也感觉不到阿三的存在,更不可能知道阿三对他的世界干了些什么。

不过,生活在纸上的阿扁并没有立即感到他的世界有什么变化。照样是欧氏几何,他画的直角坐标轴仍然在那儿。当他拿着他的(平面)陀螺仪,沿着他的小圆圈(像 C_1 那样的)旅行而回到原来出发点的时候,陀螺仪的指向和原来一样。这说明矢量平行移动的规律好像没有任何改变。

阿扁的技术越来越高,胆子越来越大,旅游路线也走得越来越远。他逐渐发现了一些问题。比如说,当他沿着图中所示的如 C_2 那样的曲线走了一圈回到原来出发点的时候,他的陀螺仪的指向和出发时候有了一个 45° 的角度差。这个新发现令阿扁激动又困惑。于是,他进行了更多的带陀螺仪绕圈实验,绕了好多个不同的圈,终于总结出了一个规律:他生活的世界中,在图 2-6-1(c)中所标记的点 O 附近,是一个特殊的区域,只要他移动的闭曲线中包含了这个区域,陀螺仪的指向就总是和原来出发时的方向相差 45° 左右。如果旅游圈没有包括这个点的话,便不会使陀螺仪的方向发生任何改变。当时的阿扁,技术还不够精确,还没有搞清楚这个区域是多大,况且,他也有点害怕那块神秘兮兮的地方,不敢在那儿逗留过久,作太多的探索,以防遭遇生命危险。

阿扁喜欢读书、学习新知识,他从一本数学书中了解到,如果陀螺仪走一圈方向改变的话,说明你所在的空间是弯曲的。因此,总结归纳他多次实验的结果,阿扁提出一个假设:他所在的世界基本是平坦的,除了那块该死的区域之外!

再回到我们的世界来看待球面几何。陀螺仪走一圈后方向改变的值,叫做平行移动一周后产生的角度亏损,可用 θ 表示。角度亏损与空间的高斯曲率有关,一个标准球面上的高斯曲率处处相等。因此,如果有某种生活在球面上的扁平生物的话,他沿任何曲线绕行一圈后,陀螺仪方向都会有变化,而且,角度亏损 θ 不是固定的,将与绕行回路所包围的球面面积 A 成正比,其比例系数对球面而言是一个定值,就等于曲面的高斯曲率 α。角度亏损 $\theta = \alpha \times A$。

如果研究对象不是标准的球面,而是一般的二维曲面,上述"角度亏损 θ 正比于区域面积 A"的结论在大范围内不能成立,但在二维曲面某个给定的 P 点附近,当绕行的回路趋近于无限小的时候仍然成立。也就是说:无限小的角度亏损 $d\theta$ 将正比于无限小的区域面积 dA:$d\theta = \alpha \times dA$。这时的 $\alpha = d\theta / dA$,便是曲面上这一点的曲率。

阿扁也想通了这些道理,明白他的世界不是球面。而大多数地方都是平面,只有一点不对,那一点附近的空间是弯曲的。

可以将上面有关曲面曲率与无限小平行移动角度亏损的关系($\alpha = d\theta / dA$)用到锥面。因为锥面是一个可展曲面。它的所有地方的几何都是与平面上的欧几里得几何一样的,除了那个顶点以外。也就是说,锥面上每个点的曲率都等于 0,但顶点是一个曲率等于无穷大的奇点。

有了这些数学知识,阿扁恍然大悟:原来我生活的世界是一个锥面!

人类是三维空间的生物,我们的世界是三维的。就像前面所描述的"阿三",当然要比那个可怜的平面生物"阿扁"高明多了。阿扁反复测量了许多次,还加上对他的二维扁平脑袋来说极端困难的"抽象",才弄明白了他的锥面世界!而我们在三维世界中看二维就能看得非常清楚了:锥面是一个可展曲面,或者说本来就是由阿三将一张平面的"纸"剪去了一个角而粘成的。因此,我们瞄一眼就知道,阿扁的锥面世界处处都是平坦的,除了那一个顶点 O 之外。

在锥面上作平行移动时,为什么当移动路径包括了顶点 O 的时候就会有角度亏损呢?从我们的三维世界更容易理解这个问题。在图 2-6-2(a) 中,我们将锥面从顶点剪开后重新展开还原成了一个平面图形。这个"剪去一角的平面图形"与整个欧几里得平面的区别是在于,图中的 A 和 B 是锥面上的同一点,因此,直线 OA 和 OB 需要被理解为是同一条线。

图 2-6-2(a) 中靠右方的闭合曲线 C_1,没有包含顶点 O,因而,曲线 C_1 所在的所有区域,都和欧几里得平面没有任何区别。但是,如果矢量是沿着曲线 C_2 平行移动的话,情况则会不同,因为 C_2 包括了顶点 O,矢量在绕行过程中必然要碰到直线 OA。假设矢量从 B 点出发时的方向垂直于 OB,也是垂直于 OA 的。回到点 5 的时候保持和原来相同的方向,但是因为 OA 和 OB 之间剪去了一个角,平行移动到点 5 时,矢量并不垂直于 OA,而 OA 和 OB 又是同一条线,所以最后的矢量与 OB 也不垂直。产生角度差的原因是因为平面被剪去了一角又粘成了锥形,使得绕行锥面一周,并不等于平面上绕过了 $360°$,而是少走了一个角度,产生了"角度亏损"。正是锥面顶点无穷大的曲率造成了这个角度亏损。换言之,角度亏损是被包围的区域中的"不平坦"产生的。对于锥面的情况,不平坦的来源是顶点。

球面上矢量的平行移动可以简化为锥面上的平行移动。如图 2-6-2(b) 所示,我们给球面带上一顶刚好与其在 C_a 相切的锥形帽子。在如此构造的结构中,如阿扁这种二维生物,假设他只能看到他周围无限小的距离的话,他无法分辨出他是在球面上沿着 C_a 平行移动,还是在锥面上沿着 C_a 平行移动,因为两者的移动效果是一样的。

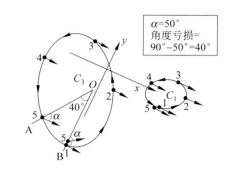

$\alpha=50°$
角度亏损=
$90°-50°=40°$

(a) 锥面上的平行移动

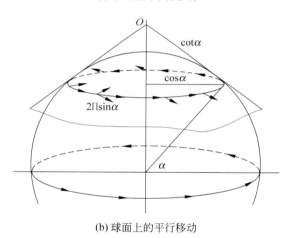

(b) 球面上的平行移动

图 2-6-2　锥面和球面上的平行移动

因此,球面上沿 C_α 平行移动的角度亏损等于沿锥面平行移动的角度亏损。当纬度 α 变大,圆周 C_α 向上方移动且变小,锥形帽子剪去的角度也就更小,锥形变得更平坦,因而使得平行移动后的角度亏损也更小。

不难算出,球面上矢量沿 α 纬圈平行移动一圈的角度亏损为

$2\pi(1-\sin\alpha)$。这个角度亏损是来源于所包围的区域中"不平坦"性的总和。球面的"不平坦"性处处相同,对半径为 r 的球面：$2\pi(1-\cos(\mathrm{d}\alpha))=\alpha\pi(\mathrm{d}r)^2$,这里 $\mathrm{d}r=r\times\mathrm{d}\alpha$,然后,可以解出球面的曲率 $\alpha=1/r^2$。

由平行移动计算的曲率 α 可正可负。如果矢量沿着闭合曲线逆时针方向平行移动一周后得到逆时针方向的角度变化,或者顺时针方向平行移动后得到顺时针方向的角度变化,表明曲率为正,否则为负。马鞍面是曲率为负值的二维曲面例子。

7. 测地线和曲率张量

平行移动的概念不仅可以被用来定义曲面的曲率,也可以被用来定义测地线。

测地线是欧几里得几何中"直线"概念在黎曼几何中的推广。欧氏几何中的直线,整体来说是两点之间最短的连线,局部来说可以用"切矢量方向不改变"来定义它。将后面一条的说法稍加改动,便可以直接推广到黎曼几何中："如果一条曲线的切矢量关于曲线自己是平行移动的,则该曲线为测地线。"

以球面为例,我们可以利用上一节中采取的方法来研究切矢量的平行移动。一般来说,沿着球面上纬度为 α 的圆的平行移动等效于在一个锥面"帽子"上的平行移动。然而,当 $\alpha=0$ 时(对应于赤道),锥面变成了柱面,如图 2-7-1(a)所示。因而,可以将锥面或柱面(赤道)展开成平面来研究球面上的平行移动。图 2-7-1(b)和(c)分别是锥面和柱面展开的平面上平行移动的示意图。从两个图中可以看出,切矢量的平行移动对 $\alpha=0$(赤道)和 $\alpha>0$(非赤道)两种情形有所不同。对于小于赤道的圆,从锥面展开的平面图可知,点 1 的切矢量,平行移动到 2、3、…各点后不一定再是切矢量;而赤道在柱面展开的平面图中是一条直线,所以点 1 的切矢量平行移动到 2、3、…各点后仍然是切矢量。

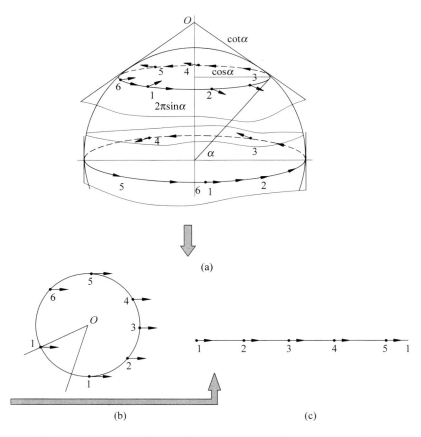

图 2-7-1 在纬度 α 的圆上以及在赤道上切矢量的平行移动有所不同

因此,如赤道这样的"大圆",即圆心与球心重合的圆,符合我们刚才所说的测地线的定义:切矢量平行移动后仍然是切矢量。所有的大圆都是球面上的测地线。

测地线是否一定是短程线呢?对欧氏空间来说是如此,但对一般的黎曼空间不一定如此。比如球面上,连接两点的测地线至少有两条(一个大圆的两段),那条小于 180° 的圆弧是短程线,而另一部分,即大于 180° 的圆弧,就不是短程线了。不过,测地线是局部意义上的短程线,对于充分接近的两个点,测地线是最短曲线。

如前所述,二维曲面上某一点 P 的曲率 R,被定义为"任意矢量沿曲面上无限小的闭曲线平行移动后的角度亏损,对闭曲线所包围之面积的导数",即:标量曲率 $R = \mathrm{d}\theta/\mathrm{d}A$。以上的叙述中包含了如下几点概念:曲率 R 是局部的,随点 P 位置的变化而变化;曲率 R 的定义依赖于一个二维曲面;曲率 R 的定义与某个角度亏损有关。所谓角度亏损,就是矢量的方向平行移动后相对于原来的方向绕某一个轴转动的角度。

在二维曲面上的每个点,按照上面的方法,能定义一个曲率 R。也就是说,定义了二维曲面上的一个标量曲率场。

现在,如果考虑一般的 n 维黎曼流形,就需要将上述的曲率概念加以推广。首先想到的是:在维数大于 2 的流形上的每一点,应该仍然可以局部地定义曲率。然而,如果按照二维曲率定义的方法,当 n 大于 2 时,不仅仅得到一个曲率值,而是可以定义多个曲率数值。其原因是因为对高维空间中的一点,通过它的二维面不止一个,另一方面,当我们考虑角度亏损的时候,也不是只有一个角度亏损值,相对于每一个可能存在的转轴,都将有一个所谓角度亏损值。如此一来，n 维流形上每一个点的曲率需要不止一个数值来描述。所以，我们便在每个点的切空间中定义一个曲率张量，或换言之，赋予黎曼流形上一个曲率张量场。

下面需要考虑的是，这个曲率张量的阶数是多少？或者说，这个曲率张量应该有几个指标，才能表征 n 维黎曼流形在一个给定点的内蕴弯曲度？

可以用如下的方法将二维空间标量曲率概念推广到 n 维以上的流形。首先考虑 n 维流形中的矢量 V 在 P 点附近的平行移动方式。矢量 V 可以沿着过 P 点的任何一个二维子流形的回路平行移动。比如说，图 2-7-2 所示的是 V 在由坐标 x^{μ} 和 x^{ν} 表示的曲面上沿着 $\mathrm{d}x^{\mu}$、$\mathrm{d}x^{\nu}$、$-\mathrm{d}x^{\mu}$、$-\mathrm{d}x^{\nu}$ 围成的四边形回路平行移动的情形。一般来说，当 V 绕回路一圈返回原点时将和原来矢量不一样，得到了一个改变量 δV。类比于标量曲率 R 的定义，矢量的这个增量应该正比于平行移动的路径所围成的面积，即 $\mathrm{d}x^{\mu}\mathrm{d}x^{\nu}$。除此之外，矢量增量 δV 还应该与原矢量 V 有关。考虑 δV 和 V 方向上的差异，增量 δV 的逆变分量 δV^{a} 可以写成如下形式：

$$\delta V^{a} = \mathrm{d}x^{\mu}\mathrm{d}x^{\nu}V^{\gamma}R_{\nu\mu\gamma}^{a} \qquad (2\text{-}7\text{-}1)$$

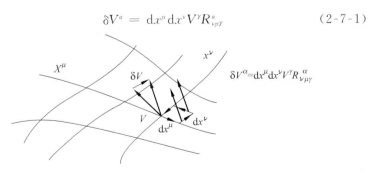

图 2-7-2　黎曼曲率张量和平行移动

这里,将平行移动一周之后的微小变化用符号 δ 表示,以区别于坐标的线性微分增量 dx^μ 或 dx^ν。

公式(2-7-1)中的比例系数 $R^\alpha_{\nu\mu\gamma}$,便是黎曼曲率张量。如前所述,4 个指标中的两个 μ 和 ν 对应于平行移动路径所在的二维曲面,而另外两个指标 α 和 γ 分别表示矢量增量 δV 及原来矢量 V 的逆变指标。公式右边的重复指标 μ、ν 和 γ 是求和的意思,这是遵循以前提到过的"爱因斯坦约定",以后用到重复指标时都是表示求和的约定,不再赘述。

黎曼曲率张量是个 4 阶张量,对 n 维空间,4 个指标都可以从 1 变化到 n,因而分量数目很多。但是由于对称性的原因,独立分量的数目大大减少,只有 $n^2(n^2-1)/12$ 个。按照这个公式,当 n 等于 4 时,有 20 个独立分量;当 n 等于 2 时,曲率只有一个独立分量,这便是我们曾经介绍过的二维曲面的高斯曲率。

黎曼几何中有多种方式来理解和定义内在曲率的概念,下面将作一简单介绍。本来是同一个东西,从多种不同的角度看一看可以加深理解。就像是你在观察一座山:"横看成岭侧成峰,远近高低各不同",多照几张照片才能帮助我们识得庐山真面目。上文中,用平行移动概念来定义的 4 阶黎曼曲率张量 $R^\alpha_{\nu\mu\gamma}$ 是定义曲率最标准的形式。黎曼曲率张量就像是给某座山某处附近照的标准照片,它的 4 个指标独立地变化,其取值范围都是从 $1\sim n$,因而总的变化数目就有 n^4 个,在 $n=4$ 的情形下,这个数等于 256。好比是在这附近照了 256 张照片,不过由于对称性,其中很多是重复的,不重复的只有 20 张。经专家们研究后认为,将整座山的每一个"局部景观",都如法炮制地照出 20 张不重复的照片来,便能够作为这座山的完整描述。

除了黎曼曲率张量之外,还可以用"截面曲率"来描述弯曲流形。截面曲率被定义为 n 维流形过给定点的所有二维截面高斯曲率的总和。截面曲率等效于黎曼曲率张量,与截面曲率有关的 20 张照片同样也是内蕴曲率的完整描述,但因为拍摄技术有所不同,有着更容易被人理解的直观几何解释。

不过,爱因斯坦在他的引力场方程中用到的,是另外两个称为"里奇曲率"的几何量:里奇曲率张量 $R_{\mu\nu}$ 和里奇曲率标量 R,这两个曲率是通过上述黎曼曲率张量的指标缩并而得到的,将指标缩并的意思是什么?继续使用刚才的比喻,20 张照片中,有些是相似的,因而可以首先挑选出更有代表性的一类,然后又将此类中的几张照片合并起来放到一张照片中。利用这种技巧,在某种条件下,将 20 张标准照简化到只用 10 张就够了。

比如说,里奇曲率张量就是由原来 4 个指标的黎曼曲率张量 $R^{\alpha}_{\mu\rho\nu}$,将其中两个指标 α 和 ρ 缩并而成的 2 阶张量,写成:$R_{\mu\nu}=R^{\rho}_{\mu\rho\nu}$。如果将原来黎曼曲率张量中 4 个指标中的 2 个(α 和 ρ)看成是矩阵的行列指标的话,那么,4 阶黎曼曲率张量就等效于 n^2 个 2 阶矩阵。进一步将矩阵的两个行列指标"缩并":意思就是将这个矩阵只用一个数(它的 trace)来表示。因而,指标缩并后,原来的 n^2 个矩阵就变成了 n^2 个数值,这就是所谓的"里奇曲率张量"。

里奇曲率标量是由里奇曲率张量的 2 个指标再进一步缩并而成的一个标量:$R=g^{\mu\nu}R_{\mu\nu}$。在二维曲面情形下,R 正好是高斯曲率的 2 倍。

这里最后插上一段话,重申关于对"内蕴"的理解。高斯和黎曼的微分几何研究,强调的也是流形的"内蕴"性质。遗憾的是,受限于大脑的思维能力,我们无法用直观的图像来表达更为高维空间的这种"内蕴"性。唯一能加深和验证理解的直观工具就是想象嵌入在三维欧氏空间中的各种二维曲面。但我们务必要随时记住,在研究这些曲面的几何性质时,尽量不把它们当作三维欧氏空间中的子空间,而是把自己想象成生活在曲面上、只能看见这个曲面上发生的事件的"阿扁",当我们从阿扁的角度来进行测量、考虑问题时,涉及的几何量便是"内蕴"几何量。然而,阿扁观测到的只是二维曲面上的内蕴几何,研究维数更高的黎曼流形时,还需要使用另外一个诀窍。这个方法让我们更容易保持"内蕴"的思考,那就是:一切都得从度规张量出发。因为度规张量决定了几何中最基本的内蕴量:弧长,这是黎曼几何的关键,有了度规张量后,便可以导出其他的内蕴几何量。

理解黎曼几何和广义相对论的另一个重要原则就是,物理规律要与坐标系无关。尽管任何有用处的实际计算都是在某个坐标系下面进行的,但计算结果表达的物理定律却是独立于坐标而存在。这也就是我们总是要将描述物理规律的方程式写成"张量"形式的原因,因为张量的坐标分量在坐标变换下作线性齐次变换。线性表明张量属于切空间,齐次表明张量与坐标系选择无关。如果一个张量在某个坐标系下所有分量都是零,经过线性齐次变换后,它在任何坐标系中都将是零。

流形上每个点与相邻点有不同的切空间,因而也有不同的坐标系和度规。为了能在流形上建立微分运算,两个相邻的切空间之间便需要定义某种"联络",以意大利数学家列维-奇维塔命名的 Levi-

Civita 联络是在黎曼流形的切空间之间保持黎曼度量不变的唯一的无挠率联络,克里斯托费尔符号则是列维-奇维塔联络的坐标空间表达式[25]。具体地说,就是用列维-齐维塔联络将不同切空间中不同的度规张量关联起来。而作为列维-齐维塔联络坐标表达式的克里斯托费尔符号,只与度规张量和度规张量的微分有关。然后,则可以在列维-齐维塔联络的意义下定义协变微分和平行移动。引进协变微分的目的是为了定义张量之间的微分规则,以确保张量的协变微分仍然是一个张量。因为从协变微分而定义的平行移动与空间的"不平坦"程度密切相关,从而便由平行移动定义了测地线以及各种曲率的概念。

黎曼流形上每一点的有限邻域不一定是"平"的,但是当这个邻域很小的时候,可以当成是平面,就如我们在日常生活中感觉不出地球是球面一样的道理。然后,在地球表面上每个点都带上了一个不同方向的、切空间的活动标架。这些切空间构成一个"丛"。可以通俗地想象成高高低低、起伏不平的地球表面上长满了"树丛"。这些所有"树"的局部几何加在一起,构成了整个流形的几何。树与树之间有些枝丫互相联系起来,即"联络"。原来的欧式空间呢,不像刚才描述的地球模型,而只是一个无限延伸的平面,简单多了,整个平面上均匀地铺上了一层草皮而已。

3

相对论佯谬知多少

1. 双生子佯谬

　　一开始,爱因斯坦对闵可夫斯基的四维时空不以为然,但当他结合黎曼几何考虑广义相对论的数学模型时,才认识到这个相对论少不了的数学概念的重要性。

　　狭义相对论通过洛伦兹变换将时间和空间的概念联系在一起。我们生活的空间是三维的,因为 3 个数字决定了空间一点的位置。然而,在这个世界发生的任何事件,除了决定地点(即位置)的 3 个值之外,发生的时间点也很重要。如果把时间当作另外一个维度的话,我们的世界便是四维的了,称为四维时空。其实四维时空也是我们生活中常用的表达方式,比如说,当从电视里看到新闻报道,说到在曼哈顿第 5 大道 99 街某高楼上的第 60 层发生了杀人案件时,还一定会提到案件发生的时间:2014 年 10 月 3 日 6 点左右。这儿的报道中提到的 5、99、60 这 3 个数字,可以说是代表了事件的三维空间坐标,而发生的时间(2014 年 10 月 3 日 6 点)就是第四维坐标了。

尽管物理学家企图将时间和空间统一在一起,但两者在物理意义上终有区别,无法将它们完全一视同仁,一定的场合下还必须严格加以区分。于是,天才数学家庞加莱将四维时空中的时间维和空间维分别用实数和虚数来表示。也就是说,将时空用 3 个实数坐标代表空间,1 个虚数坐标描述时间。或者反过来:用 1 个实数坐标表示时间和 3 个虚数坐标表示空间。到底是让空间作为实数唱主角(前者),还是像后面一种情况那样将时间表示为实数,只不过是一种约定或习惯而已。后一种表示方法是本书中将经常使用的。

后来,闵可夫斯基发展了庞加莱的想法,他用仿射空间来定义四维时空。如此一来,就可以在形式上用对称而统一的方式来处理时间和空间。类似于三维欧几里得空间中的坐标旋转,洛伦兹变换成为这个四维时空中的一个双曲旋转。在欧几里得空间中,两个相邻点之间间隔的平方是一个正定二次式:

$$ds^2 = dx^2 + dy^2 + dz^2$$

上面二次式"正定"的意思可暂且简单理解为 dx^2、dy^2、dz^2 等的系数都是正数。

但"正定"这点不适用于闵可夫斯基时空,因为时空中的坐标除了实数之外,还有了虚数。根据刚才的约定,闵可夫斯基时空中两个相邻点之间间隔的平方变成了:

$$d\tau^2 = dt^2 - dx^2 - dy^2 - dz^2$$

这里的 $d\tau$ 被称为固有时。不同于欧几里得度规,闵可夫斯基时空的度规是"非正定"的。这种非正定性也导致闵氏空间具有了许多不同于欧氏空间的有趣性质。

从物理的角度看,时间和空间最根本的不同是时间概念的单向性。你在空间中可以上下左右、四面八方随意移动,朝一个方向前进之后可以后退再走回来。但时间却不一样,它只能向前,不会倒流,否则便会破坏因果律,产生许多不合实际情况的荒谬结论。

爱因斯坦的狭义相对论将时间和空间统一起来,彻底改变了经典的时空观,由此也产生了许多"佯谬",双生子佯谬是其中最著名的一个。

根据相对论,对于静止的观测者来说,运动物体的时钟会变慢。而相对论又认为运动是相对的,那么有人就感到糊涂了:站在地面上的人认为火车上的人的钟更慢,坐在火车上的人认为地面上的人的钟更慢,到底是谁的钟快、谁的钟慢啊?之所以问这种问题,说明人们在潜意识中仍然认为时间是"绝对"的。尽管爱因斯坦将同时性的概念解释得头头是道,听起来也似乎有他的道理,但是人们总觉得有问题想不通,于是便总结出来了一个双生子佯谬,它最早是由朗之万在 1911 年提出的。

话说地球上某年某月某日,假设在 1997 年吧,诞生了一对双胞胎,其中哥哥(刘天)被抱到宇宙飞船 1 号送上太空,另一人(弟弟刘地)则留守地球过普通人的日子。飞船 1 号以极快的速度(光速的 3/4)飞离地球(图 3-1-1 中向右)。根据相对论的计算结果,在如此高的速度下,时间变慢的效应很明显,大概是 3:2 左右。所谓"时钟变慢",是一种物理效应,不仅仅是时钟,而是所有与时间有关的过程,诸如植物生长、细胞分裂、原子震荡,还有你的心跳,所有的过程都放慢了脚步。总之就是说,当自认为是在"静止"参考系中的人过了

3 年时,他认为运动的人只过了 2 年。按照地球人的计划,1997 年发射的那艘宇宙飞船 1 号,将于地球上 30 年(而飞船 1 号上 20 年)之后,在某处与飞船 2 号相遇。飞船 2 号是朝向地球飞过来的,即图 3-1-1 中向左的方向,速度也是光速的 3/4 左右。在那个时刻,刘天从飞船 1 号转移到飞船 2 号上。也就是说,飞船 1 号继续向右飞行,飞船 2 号继续向左飞行,只有刘天突然掉头反向以速度(0.75c)飞回地球。因此,地球上总共经过了 60 年之后,2057 年,一对双胞胎能够再见面啦! 那时候,地球上的弟弟刘地已经 60 岁了,但一直生活在高速运动的飞船中的哥哥刘天却只过了 40 个年头,人当壮年,还在风华正茂的年月。不过,有人便说:刘天会怎么想呢? 爱因斯坦的狭义相对论不是说所有的参考系都是同等的吗? 刘天认为自己在飞船中一直是静止的,地球上的弟弟却总是相对于他作高速运动,因此,他以为弟弟应该比他年轻许多才对。但是,事实却不是这样,他看到的弟弟已经是两鬓斑白、老态初现,这便似乎构成了佯谬。无论如何,我们应该如何解释刘天心中的疑惑呢?

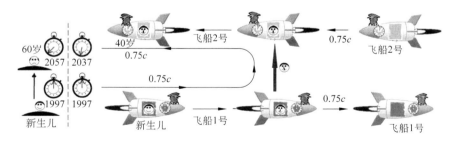

图 3-1-1　双生子佯谬

首先,刘天有关狭义相对论的说法是错误的。狭义相对论并不认为所有的参考系都等同,而是认为只是惯性参考系才是等同的。

刘天在旅行过程中坐了两个宇宙飞船。他的旅程分成了飞离地球（飞船 1 号）和飞向地球（飞船 2 号）这两个阶段。飞船 1 号和飞船 2 号可以分别当作是惯性参考系，但刘天的整个旅行过程却不能作为一个统一的惯性参考系。因为刘天的观察系统不是惯性参考系，刘天便不能以此而得出刘地比他年轻的结论。所以，"佯谬"不成立。当刘天返回地球时，的确会发现地球上的弟弟已经比自己老了 20 岁。如果设想两个宇宙飞船的速度更快一些，快到接近光速的话，当它再次返回地球时，的确就有可能出现神话故事中描述的"山中方一日，世上已千年"的奇迹了。

然而，如何解释双生子佯谬，如何计算两人相遇时各自的年龄呢？将在下面两节中仔细分析。

2. 同时的相对性

我们可以使用刚才介绍的闵可夫斯基时空来分析双生子佯谬。不过，我们并不需要画出四维的图形，只需要像图 3-2-1（彩图附后）所示的，画出一个时间轴 t 加一个空间轴 x，二维时空就足以说明问题了。

图 3-2-1 中用黑线标示的直角坐标系 (t, x) 是地球参考系中的坐标。在这个坐标系中，两个双生子的时空过程可以分别用他们的"世界线"来表示。什么是世界线呢？就是某个事件在时空中所走的路径。用这个新名词，以区别于仅仅是空间的"轨迹"或者仅仅时间的流逝。比如说，刘地在地球上一直没有动，所以他的世界线是沿着地

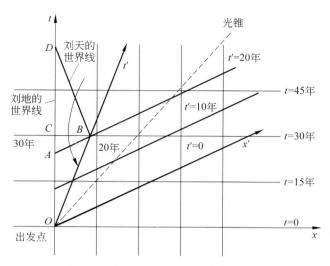

双胞胎中的每一个都认为对方的时钟更慢

图 3-2-1　地球惯性系（黑色直角坐标）和飞船 1 号惯性系

（红色斜交坐标）中同时的相对性（彩图附后）

球坐标系的 t 轴，路径为 $O \to A \to C \to D$，图 3-2-1 中是一条垂直向上的直线。而刘天坐了两次宇宙飞船，他的世界线在图中是一条折线为 $O \to B \to D$。

也就是说，在图中的地球坐标系中，两个双生子的世界线都是从 O 到 D，这是标志他们交会见面的两个时空点：分别对应于出生时（O）和地球上 60 年之后（D）。两人的世界线中的一条是直线，一条是折线，这又说明什么问题呢？读者可能会认为：折线不是比直线要长吗？这点在普通空间是正确的，在"时空"中却未必见得，那是因为在这个二维时空中的距离平方表达式中有一个负号的缘故（度规不是正定的）：

$$\mathrm{d}\tau^2 = \mathrm{d}t^2 - \mathrm{d}x^2 \qquad\qquad (3\text{-}2\text{-}1)$$

而在普通二维坐标空间中,度规是正定的:

$$\mathrm{d}s^2 = \mathrm{d}x^2 + \mathrm{d}y^2 \qquad\qquad (3\text{-}2\text{-}2)$$

换言之,式(3-2-1)中时空度规中的负号造成了时空空间与普通空间不同的一些奇特性质。

首先,我们通过图 3-2-1 观察、解释一下时空中"同时"概念的相对性。对地球参考系(黑线直角坐标)而言,同时的点位于平行于 x 轴(黑色)的同一条水平线上,即水平线是同时线。比如说,地球上 2012 年发生的事件都在标志了"$t=15$ 年"的那条黑色水平线上。

宇宙飞船 1 号相对于地球向右作匀速运动,也可以看作是一个惯性参考系。我们将飞船 1 号的同时线用红色线表示,并且将它们与地球的时空坐标系画到同一个图(图 3-2-1)中。地球时空坐标用黑色线表示,飞船 1 号的时空坐标用红色线表示。

飞船 1 号的时空坐标相对于地球时空坐标来说有一个旋转,如图中红色的斜线所示。但读者务必注意,这里的所谓"坐标轴旋转",不同于普通空间中的旋转,它被称为"双曲旋转"。普通空间中的坐标转动,直角坐标转动后仍然是直角坐标。但在闵可夫斯基时空中,进行坐标变换时需要保持光速不变,也就是保持光锥的位置总是在 45°角处,如图 3-2-1 中的虚线所示。所以,当时间轴顺时针转动时,空间轴需要逆时针转动,以对光锥保持对称。

对飞船 1 号的时空参考系而言,等时线不再是水平线,而是平行于 x',标上了 $t'=0$、$t'=10$ 年、$t'=20$ 年的那些红色斜线,见图 3-2-1。例如,研究一下图中的 A、B、C 这三个事件之间的关系。在地球的时空坐标中,C 和 B 是同时的,都发生在地球时间为 30 年的那条等时线上。然而,从飞船 1 号的时空参考系来看,A 和 B 才是同时发生的,都发生在飞船 1 号的时间 $t'=20$ 年的那条等时线上。而在飞船 1 号看来,C 事件是在 A 事件之后,所以也在 B 事件之后。

现在,将以上概念用于双生子问题中。刘地是在地球坐标系上,他认为 C 和 B 是同时发生的,都发生在地球上的 2027 年,C 点在刘地的世界线上,表明刘地 30 岁;B 点在刘天的世界线上,表明刘天的"地球年龄"是 30 岁。但因为刘天实际上是在运动中的飞船 1 号上,所以时间过得更慢,因而刘地认为刘天的"真实年龄"是 20 岁。

到地球上的 2027 年为止,刘天(B 点之前)一直都在飞船 1 号上。在他看来,B 和 C 不是同时的。按照他的红线坐标,B 和 A 才是同时的,B 点对应于自己 20 岁,与 B 同时的是 A 点,弟弟刘地相对于自己是运动的,时间应该更慢,所以在 A 点他还不到 20 岁。

到此为止,两个人的说法都是正确的,每一个人都认为对方坐标系中的时钟比自己的更慢,从而都可以得出对方比自己更年轻的结论。但是,想象一下,如果刘天只坐在飞船 1 号上的话,他和刘地就永远不可能再见面了,因而也就不可能构成前面所述的佯谬。不过,读者可能会说:他们虽然不能见面,但是可以通电话呀,在电话中他们互相一问,不就知道对方多少岁了么?然而,狭义相对论认为信息的速度不可能超过光速,当他们以光速通话时,也需要考虑他们之间的距离以及同时性的问题。因此,对这种通电话的情况,我们就不进一步详细分析了。

在我们的故事中,地球上过了 30 年之后,刘天被转移到了飞船 2 号上面,掉头向地球飞来。飞船 2 号的参考系(图中没有画出),已经不同于飞船 1 号的红线坐标参考系。这其中,刘天从飞船 1 号转到飞船 2 号时身体经受的物理过程就说不清楚了，要使刘天从 +0.75c 的速度，变成 -0.75c 的速度，加速和减速的过程必不可少。在这个过程中的刘天感觉将如何？他会不会被压扁或撕裂了啊？这里我们暂且不去考虑这种问题，而着重于从狭义相对论时钟变慢的效应来估算他的年龄。

3. 闵可夫斯基时空中的固有时

那么，既然在双生子佯谬中需要考虑宇宙飞船的加速度，是不是需要广义相对论的知识才能解释清楚它呢？也不是这样的。用地球参考系的二维时空图就可以解释清楚。这里，首先需要介绍一下在相对论中很重要的"固有时"的概念。

固有时，或称"原时"，在式(3-2-1)中表示的是微分形式的 dτ，一段有限长度的固有时可从积分计算得到。比较式(3-2-1)和式(3-2-2)可知，固有时 τ 类似于普通空间中的弧长 s。在普通空间中，弧长 s 表示一条曲线的长度，或者说是一个人走过的路径的长度。如图 3-3-1 所示，设想一个旅行者(太空人)，带着自己的时钟和卷尺，一直记录他走过的距离和时间。卷尺计算测量他走过的距离，而时钟所记录的就是固有时。从图 3-3-1(b)中可以看出固有时和坐标时的区别，坐标时是事件之外的观察者使用某个参考系记录事件所发生的时间，固有时则是旅行者自己携带的时钟所记录的时间。此外，固有时与弧长的不同之处是：普通空间的弧长一般比坐标数值更大，但固有时却比坐标时要小，其原因从式(3-2-1)中显而易见，正是因为度规中空间坐标平方和时间坐标平方间的符号差造成的。换言之，固有时用以描述时空中事件之间流过的时间，这个时间被事件自身的时钟所测量，测量结果不仅取决于两个事件对应的时空点位置，而且也取决于时钟参与其中的具体过程。或简单地说，固有时是时钟的世界线长度。

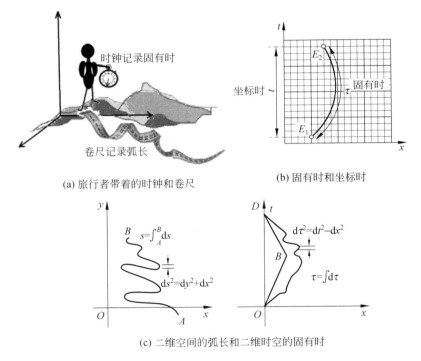

(a) 旅行者带着的时钟和卷尺　　(b) 固有时和坐标时

(c) 二维空间的弧长和二维时空的固有时

图 3-3-1　固有时和坐标时的区别以及与弧长的类比

实际上，我们之前学过了黎曼几何，对固有时的概念不难理解，它就是对应于在黎曼几何中经常强调的内蕴几何不变量：弧长 s。时空中的"弧长"，就是固有时。对广义相对论重要的内蕴性质，在狭义相对论中也很重要。

如何计算一对双胞胎在重逢时各自的真实年龄呢？结论是：计算和比较他们在两次相遇之间，每个人的世界线的固有时。因为固有时 τ 是内蕴不变的，这个计算可以在任何一个参考系中进行，且都将得到同样的结果。每个人的年龄是由他身体的新陈代谢机制决定的，他的身体内有一个生物钟。人体处于各种运动状态（静止或运动、加速或减速）时，他的生物钟便会随之变化，或减慢，或加快，这便可以作为每个人自己带着的"时钟"。下面，我们首先用地球参考系来考察刘天和刘地这一对双胞胎在两次相遇之间所经历的固有时。刘地一直停留在地球上没有移动，他的世界线是地球参考系中时间轴上的一段，在这个参考系中，他的固有时也就等于坐标时，等于 60 年。而刘天的世界线是图 3-3-1(c) 右图中的 OBD 折线。折线中每一段的长度是 20 年，两段相加等于 40 年。所以，两个双生子在 D 点见面的时候，刘天 40 岁，刘地 60 岁。

从以上的分析可以体会到利用"固有时"来计算此类问题的方便之处。我们并不需要仔细考虑每个事件的过程，不需要详细去分析刘天的旅行过程哪一段是匀速、哪一段是加速或减速等烦琐的细节，比如图 3-3-1(c) 右图中的另一条从 O 到 D 的弯弯曲曲的曲线。如果那是刘天的时空轨迹的话，只需要在地球参考系中使用积分计算出这条世界线的长度（即固有时），那便就是刘天的年龄了。

使用飞船 1 号的参考系，或者是飞船 2 号的参考系，也都可以验证以上结果。三种情形将得到同样的结果：刘天 40 岁，刘地 60 岁，详情见附录 F。

4. 四维时空

在科学史上,恐怕没有哪一个理论,像相对论这样引发了这么多的"佯谬"。除了双生子佯谬之外,还有滑梯佯谬、贝尔的飞船佯谬、转盘佯谬,等等,以及它们的许许多多的变种。这些佯谬的产生,根本原因是出于对同时性、时钟变慢、长度收缩、相对性原理、不同参考系的观察者、统一时空等概念的思考和质疑。时间和空间到底是什么? 相对论是否部分地回答了这个问题? 尽管众口难调、见仁见智,但相对论起码为我们提供了一种科学的思路和方法,使我们能从物理、数学的理论上较为详细地诠释这些概念,何况还有上百年大量实验结果及天文观测数据的验证和支持呢。修正尚可,否定不易,起码不是诋毁谩骂之辈能做到的。

像双生子佯谬一样,尽管佯谬本身往往涉及加速度参考系,但分析和理解这些佯谬并不一定需要广义相对论,许多相关的问题也并非一定要使用弯曲时空来解释。况且,正如我们在介绍黎曼几何时提到的,黎曼流形的每一个局部看起来都是一个欧氏空间。那么,对广义相对论研究的弯曲时空而言,它的每一个局部看起来便都是一个闵可夫斯基空间。闵可夫斯基四维时空的性质对广义相对论至关重要,是理解弯曲时空、分析黑洞等奇异现象的基础。因此,我们有必要在介绍爱因斯坦的引力场方程之前,首先多了解一些闵氏时空。

闵可夫斯基时空是欧氏空间的推广,仍然是平坦的。闵氏空间与欧氏空间的区别,是在于度规张量的正定性。在黎曼流形上局部欧氏空间中定义的度规张量场 g_{ij}，是对称正定的。如果将时间维加进去之后，度规张量便不能满足"正定"的条件了。将非正定的度规张量场包括在内的话，黎曼流形的概念被扩展为"伪黎曼流形"。比较幸运的是，之前我们所介绍的列维-奇维塔联络及相关的平行移动、测地线、曲率张量等等概念，都可以相应地推广到伪黎曼流形的情形。

度规张量是一个 2 阶张量，可以被理解为我们更为熟悉的"方形矩阵"。在矩阵中也有"对称正定"的概念。所谓"对称矩阵"，是指行和列对换后仍然是原来矩阵的那种矩阵。度规张量的对称性，是由它的定义决定的：

$$ds^2 = g_{ij} dx^i dx^j$$

实际上，任何矩阵都可以分解成一个对称矩阵和一个反对称矩阵之和。根据以上度规的定义可知，g_{ij} 的反对称部分对 ds^2 的贡献为 0，所以度规张量可以被认为是一个对称矩阵。

矩阵为"正定"的意思可以理解为这个矩阵的所有特征值都是"正"的。欧氏空间度规的正定性意味着实际空间中的距离（即弧长）的平方是一个正实数 $ds^2 = dx^2 + dy^2 + dz^2$。因而，欧氏空间的度规是一个对称正定的 δ 函数，

闵可夫斯基时空的度规仍然是对称的，但却不是正定的：$d\tau^2 = dt^2 - dx^2 - dy^2 - dz^2$，其度规记为函数。上式中的 t 是时间，x、y、z 是 3 个空间维坐标，而 $d\tau$ 取代了弧长 ds，被称为"固有时"。

细心的读者可能会问：时间间隔和空间距离的量纲是不一样的，怎么把它们的平方加减到一块儿去了呢？这儿也是使用了一个约定俗成的原则：将光速定义成了 1。也就是说，四维时空的度规本

来应该表示成如下形式：$c^2 d\tau^2 = c^2 dt^2 - dx^2 - dy^2 - dz^2$，$c=1$ 的原则使公式看起来简洁明了，但我们务必随时记住这点。

比较欧氏空间和闵氏空间，将它们的度规 δ 函数和 η 函数写成矩阵形式：

$$\delta = \begin{vmatrix} 1 & 0 & 0 \\ 0 & 1 & 0 \\ 0 & 0 & 1 \end{vmatrix} \tag{3-4-1}$$

$$\eta = \begin{vmatrix} 1 & 0 & 0 & 0 \\ 0 & -1 & 0 & 0 \\ 0 & 0 & -1 & 0 \\ 0 & 0 & 0 & -1 \end{vmatrix} \tag{3-4-2}$$

公式（3-4-2）中，第一维的本征值 1 对应于时间，其他本征值为 −1 的 3 个维度对应于三维空间。

时间和空间统一在四维时空中，是为了数学上的方便。爱因斯坦的狭义相对论揭示了时间、空间的相对性及它们之间通过洛伦兹变换的互相关联。然而，时间和空间毕竟是不同的物理概念，时间用时钟来度量，空间用尺子来度量，将它们在四维时空中分别对应于本质不同的实数和虚数，这也反映了"时钟"和"米尺"不能互变的物理事实。

图 3-4-1(a) 的四维时空图实际上只画了三维，包括 1 个竖直方向的时间维和 2 个水平空间维。但我们可以加上另一个空间维而想象成"四维时空"。时间轴往上的方向表示未来，向下便代表过去。图中的圆锥被称为光锥。以时空中的一点为锥顶的光锥将这个点附近的时空分成类时、类光、类空三个部分。

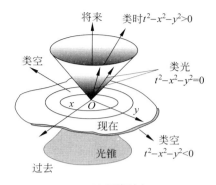

(a) 四维时空

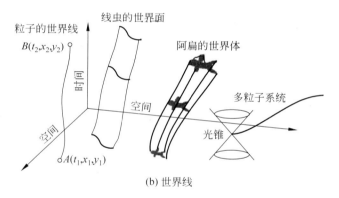

(b) 世界线

图 3-4-1　四维时空和世界线

　　四维时空中的一个点,有时间和地点,按照通常的意义把它叫做一个"事件"。例如,图 3-4-1(b)中的 A 点,表示粒子初始时刻 t_1 的空间坐标为 (x_1,y_1) 这个"事件"。后来,在时刻 t_2,粒子运动到了空间位置 (x_2,y_2),即粒子最后在时空中的位置,这个"事件"用点 $B(t_2,x_2,y_2)$ 来表示。图中从 A 到 B 的曲线,叫做粒子的"世界线"。

　　世界线,被用以描述一个点粒子在时空中的运动轨迹。如果考虑的对象不是一个点,比如说,是一条线虫,那么它在时空中的轨迹就成为了"事件面",而要描述像阿扁那样的二维生物随时间长大的过程,就是个"世界体"了,见图 3-4-1(b)。

在上一节中解读双生子佯谬时,更是将四维时空用二维时空表示,本书后面大多数情况都将如此来简化。双生子的两次相遇,是二维时空中的两个事件点。然后,便可分别计算两条世界线的"固有时",再加以比较从而得到佯谬的答案。二维闵氏时空中两个任意事件之间直线路径的距离可表示为

$$\tau^2 = t^2 - x^2$$

这个表达式右边的数值为正、零、负,分别定义了两个事件之间的相对关系:是类时、类光还是类空。如果两事件的关系是类时的,τ 代表的才是固有时。类时关系说明两个事件之间可以有因果关联。比如双生子中的"刘天出生"(事件 O),和"刘天返回地球"(事件 D)这两个事件,一定是 O 在前,D 在后,刘天不可能先返回地球再出生,无论从哪个参考系观察,这个结论都不会改变,这是"类时"的特点和物理意义。如果两个事件的关系是"类光",即 $\tau^2 = 0$,说明它们互相位于另一个的光锥上,只有速度最快的光才能将它们联系起来。那么,类空($\tau^2 < 0$)又是什么意思呢?在类空的情形下,两个事件之间的间隔无法叫做"固有时"了,因为它的本质已经不是时间,而更像是空间。它可以被另一个物理量,即"固有距离" s 来表征:$s^2 = x^2 - t^2$。"类空"说明两个事件之间不可能具有因果关系,除非存在超光速的信号,才能将它们互相联系起来,但这是违反狭义相对论的基本假设的。所以,两个类空事件点之间不可能有真实粒子的"世界线",真实粒子世界线的位置一定在光锥以内,是类时的。类空的两个事件互相位于对方的光锥之外。

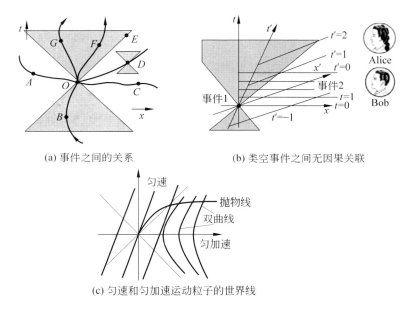

(a) 事件之间的关系　　　(b) 类空事件之间无因果关联

(c) 匀速和匀加速运动粒子的世界线

图 3-4-2　二维闵可夫斯基时空中事件之间的关系（彩图附后）

如图 3-4-2(a)所示，很容易看出事件之间的关系：相对于事件 O 而言，事件 B、G、F 是类时的；事件 E 是类光的；事件 A、C、D 是类空的。图 3-4-2(b)中的事件 1 和事件 2 互为类空，类空事件的时间顺序可以用坐标变换来改变。比如，从图 3-4-2(b)中可见，事件 1 和事件 2 在 Bob 的坐标系（黑色）和 Alice 的坐标系（红色）中，发生的时间顺序不一样。在黑色（假设为静止）坐标系中的 Bob 看来，发生在 $t=0$ 的事件 1 先于发生在 $t=1$ 的事件 2。红色坐标系相对于黑色作匀速直线运动，在其中的观测者 Alice 看起来，事件 1 仍然发生在 $t'=0$ 处，但事件 2 却是发生在 $t'=-1$ 的地方，发生时间早于事件 1 发生的时间。因而，这两个类空相关的事件不可能有因果关系。

现在，我们再来看看作匀速直线运动的粒子和作匀加速直线运

动的粒子的世界线在二维时空中看起来是个什么样子？图 3-4-2(c)
画出了它们的曲线形状。

对于作匀速直线运动粒子的情况，我们早就打过交道，因为洛伦兹
变换将静止的坐标系变换成相对运动的坐标系。比如说，图 3-4-2(b)
中红色坐标系的时间 t' 轴，实际上就是 $(t=0, x=0)$ 的粒子，朝着 x
方向作匀速运动 v 的世界线。图 3-4-2(c)中的三条红线，则分别表
示 $t=0$ 时，位于 x 上不同位置的 3 个粒子的世界线。也就是说，匀
速直线运动粒子的世界线和牛顿力学中将粒子的轨迹表示成时间的
函数是一致的，是一条直线。

下面考虑运动粒子作匀加速直线运动的情况，根据牛顿力学中
x 方向的匀加速运动公式：$x=(1/2)at^2$，应该是一条抛物线，但抛物
线很快就跑到了光锥的外面，说明速度增加到超过了光速，这显然不
满足狭义相对论光速极限的假设，见图 3-4-2(c)。用相对论可以证
明，二维闵氏时空中的匀加速运动粒子的世界线不是抛物线，而是无
限靠近光锥的双曲线。"无限靠近光锥"，说明粒子的运动速度越来
越大，无限地接近光速，但永远不等于光速。图 3-4-2(c)中的 3 条蓝
色曲线，便分别对应于 3 个不同粒子的世界线。但是，读者对此可能
又有疑问：不是说的是匀加速运动吗？匀加速运动的加速度应该为
常数，如果速度永远不能超过光速的话，这"匀加速"又体现在哪儿
呢？这点解释起来有点复杂，不过大家需要明白的是，相对论的关键
思想是：观察同一个物理量，不同的参考系将得到不同的数值。这
里的"加速度不变"，是对于作匀加速运动的参考系中的观测者自己
而言，是他们自己感觉到的加速度，所谓的"固有加速度"不变。当
我们坐在加速运动的汽车上的时候，会感到反方向的惯性力，加速度

越大,惯性力也越大,人也越会有不舒服的感觉。那条双曲线表示"匀加速"的意思就是说:沿着这条世界线运动的人将始终保持同样程度的不舒服感。

5. 匀加速参考系上的 Alice

闵可夫斯基空间中的匀加速运动坐标系叫做"伦德勒(Rindler)坐标"。伦德勒坐标有许多有趣的性质,它是使用平坦的闵氏空间来分析黑洞附近物理的一个强有力的工具。在伦德勒空间中存在类似于黑洞附近的"视界"之类的概念,甚至于还有与"霍金辐射"相类似的"安鲁效应"等量子物理相关的现象。首先弄明白伦德勒空间,对理解真正的黑洞物理有很大帮助。

还拿 Alice、Bob 和 Charlie 来说。假设 Bob 和 Alice 从出生开始就分别坐上了相对于地球静止参考系作匀速运动和匀加速运动的宇宙飞船 B 和 A,而 Charlie 则一直留在地面。我们感兴趣的是,这 3 个人分别体验到的时空世界是怎么样的?假设 Charlie 所在的地面附近是一个平坦时空,图 3-5-1(a)是 Charlie 在他的闵氏二维时空中画出来的 Bob 和 Alice 的世界线。在 Charlie 的图中,是将整个飞船视为一个点。那么,从他们两人的世界线能看出些什么呢?

从上面两节的分析可知,Charlie 在他自己的坐标系中静止不动,世界线是垂直向上的直线;Bob 的飞船作匀速运动,世界线是一条指向斜上方的直线;Alice 的飞船作匀加速运动,世界线是一条双曲线。不妨假设 Bob 和 Alice 的寿命都很长,至少相对于我们这里

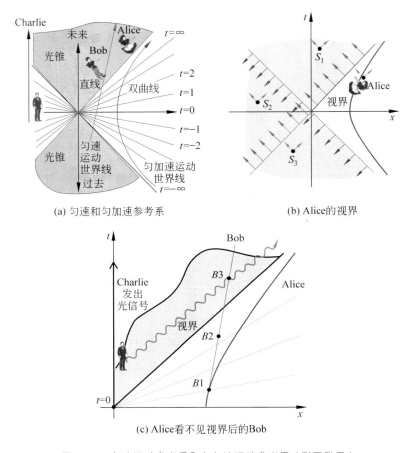

(a) 匀速和匀加速参考系

(b) Alice的视界

(c) Alice看不见视界后的Bob

图 3-5-1　匀速运动参考系和匀加速运动参考系（彩图附后）

考虑范围内的二维时空而言是如此。那么，首先我们可以观察到匀速运动和匀加速运动观测者有如下差别：作匀速运动的 Bob 在他的整个生命过程中可以看到整个二维时空中的事件，但对作匀加速运动的观测者 Alice 来说，却不是这样。"事件"是二维图中的一个点（某时某处），某观测者"可以看到事件"的意思是说，从这个事件发出

的光,即在二维时空图上从事件点向上方画的两条 45°斜线之一,将
与该观测者的世界线相交。匀速运动的直线可以和图 3-5-1(a)中任
何位置点发出的光线相交,说明 Bob 可以看到整个二维时空。如果
观察一下 Alice 的双曲线的世界线,情况就不一样了。Alice 所能看
到的时空事件很有限。比如说,图 3-5-1(b)中所示的事件 S_1、S_2,发
出的光线(向上的绿色小箭头)到达不了 Alice 所在的双曲线,即不会
与双曲线相交。而 Alice 发出的光信号,又到不了 S_2、S_3 处。所以,
Alice 能够传递信息的空间只有图中右边双曲线所在的未涂阴影的
部分。也就是说,对作匀加速运动的 Alice 而言,存在一个"事件地平
线"(event horizon),相对论的术语中称为"视界"。图中 Alice 的视
界就是那条从左下角到右上方的 45°直线,她不能看见这条直线左边
(视界之外)的时空中发生的任何事件。

　　图 3-5-1(c)只画了二维时空图的第一象限。我们仍然假设这是
一个相对于地面静止的参考系中观测到的平坦时空。现在,我们将
图 3-5-1(a)中所描述的情形做一下改变。设想在时间 $t=0$ 之前,A、
B、C 三人都在地面上,$t=0$ 的那一刻,Bob 和 Alice 坐上了作匀加速
运动的宇宙飞船,Charlie 仍然留在地面。因此,在开始一段时间之
内,Alice 和 Bob 及宇宙飞船的世界线都是图中所画的那条双曲线。
在 $t=0$ 之后,飞船发出的光信号能够与地面上 Charlie 的世界线相
交,说明 Charlie 可以"看"得见 Alice 和 Bob。然而,对作匀加速运动
的飞船来说,不能收到 Charlie 在 $t>0$ 之后发出的任何信号,因此飞
船中的 Alice 和 Bob 看见的 Charlie 只是 $t=0$ 那一刻的形象,Charlie
后来的变化已经消失在飞船的"视界"之外了。

　　不过,假设在图中 $B1$ 所表示的那个时空点,Bob 不小心从飞船

上掉到了茫茫无际的宇宙空间中。之后，Bob 继续飞船 $B1$ 时刻的即时速度 v，在空中作匀速运动。因而，Bob 脱离了飞船的世界线，他的世界线变为一条在 $B1$ 点与双曲线相切的直线（图 3-5-1(c)）。那么问题来了：从 $B1$ 之后，Alice 还能看见 Bob 吗？Bob 和 Charlie 之间又如何呢？

从图 3-5-1(c)中可见，Bob 的世界线从 $B1$，经过 $B2$，将穿过刚才提到的"Alice 的视界"，后来到达阴影部分中的 $B3$。还没有穿过视界之前，Bob 发出的光信号可以被 Alice 接收到。只不过，从 Bob 发出信号到 Alice 接收到信号的时间，变得越来越长、越来越长……当 Bob 接近"视界"的时候，传输的时间趋于无穷大。也就是说，实际上，Alice 看见的 Bob 已经凝固在 Bob 的世界线与视界相交的那一点了。或者说，Bob 已经走出 Alice 的视界了！

除了光信号的传输时间变得越来越长之外，Alice 还能观察到 Bob 发出的信号因为多普勒效应而产生的红移。信号的红移也是越来越大，频率越来越低，到最后 Alice 无法接收到为止。

在 Bob 掉进宇宙空间、作匀速运动之后，Bob 和 Charlie 之间的光通信倒是没有什么问题了，只是信号到达对方时延迟了一段时间而已，这是正常情况就有的现象。他们两人都感觉不到 Alice 所体验到的那条"视界"的存在。对他们两人而言，周围的二维时空均匀而各向同性，处处都是一样的。

由此可见，本来是一个平坦的闵可夫斯基时空，作匀加速运动的 Alice 却观察到一些不一般的现象。在 Alice 的世界中存在一个"视界"。视界之外的事件，将在 Alice 的眼中消失，这些怪异之事，有些类似于 Alice 曾经听过的，爱因斯坦的广义相对论所预言的弯曲空间中的"黑洞"。按照经典广义相对论对黑洞的描述,黑洞周围也有一个视界:据说,该视界之内是一片漆黑,连光也无法逃离,所以谁也看不见它。Alice 就想,就像我现在看不见视界外的 Charlie 和 Bob 一样。对 Alice 而言,她的两个朋友都好像"掉进了黑洞"。

Alice 还知道有一个名字叫做霍金的传奇残疾人,是坐在轮椅上专门研究黑洞的。他研究黑洞最有名的成果叫做"霍金辐射"。说的是:其实黑洞并不是绝对的黑,它也有一定的温度,因而会有热辐射现象。就像我们坐在炉子旁边感到温暖一样,靠近黑洞时也能感到"温暖"的辐射。

Alice 对她所在的飞船世界很好奇,既然这里也如同黑洞附近一样,存在一个"视界",那么在视界附近,是否也像黑洞附近那样,会有一个更为温暖的背景呢? 不过,Alice 想,这种效应肯定非常小,靠人体的感觉是很难试验出来的。Alice 记起他们三个人都随身带了一个高度灵敏的粒子探测器。因此,聪明的 Alice 开始注意她的探测器上的读数。开始时,探测器似乎没有什么动静,但随着时间流逝,宇宙飞船越来越接近视界时,探测器叮当叮当地响了起来,并且,越接近视界探测器响的次数就越多,这说明它接收到了视界附近的辐射。

而 Bob 和 Charlie 身上的探测器,始终没有任何动静——这也是能够理解的,因为他们所在的惯性参考系中观测到的是闵可夫斯基空间的量子基态,即绝对温度为零的真空态。但是,闵可夫斯基空间的真空态与加速参考系中的观察者能看到的真空态是不一样的。加速参考系的真空态能量低于闵可夫斯基空间的真空态能量。所以,闵可夫斯基空间的真空态,对加速参考系中的 Alice 来说,不是真空态,而是一个有一定温度的,比真空态能量要高的某个热力学平衡态。因此,Alice 才会发现在"视界"附近时,她处在一个温暖的、热辐射的背景中。这种加速运动的观察者可以观测到惯性参考系中观察者无法看到的黑体辐射的效应,叫做"安鲁效应"(图 3-5-2),是 1976年由当时在英属哥伦比亚大学的威廉·安鲁(William G. Unruh)提出的[26]。

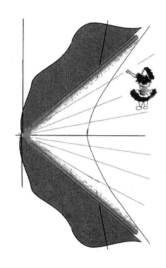

图 3-5-2　安鲁效应

6. 飞船佯谬

　　如上节所述,Alice 和她的宇宙飞船这种作匀加速运动的物体在二维时空中的世界线,是一条两端无限趋近原点光锥线的双曲线,光锥线便是参考系中观察者的"视界"。

在此强调一下,四维时空中的类空、类时、类光,指的是两个事件之间的相对关系。因而,只有类空矢量、类时矢量、类光矢量,没有什么绝对的"类空区域";但可以说:"某个事件是在另一个事件的'类空区域'中"。对匀加速运动世界线而言,+45°渐进光锥线左边的事件(图 3-5-1(b)中红色箭头所指方向),不能被 Alice 看到,−45°渐进光锥线左边的事件(图 3-5-1(b)中蓝色箭头所指方向),不能看到 Alice。这是造成匀加速运动参考系存在"视界"的原因。

无论 Alice 位于哪儿,只要她是作匀加速运动,就对应于一条双曲线的世界线,对双曲线的世界线而言,她与时空中的另一部分是不可能通信的。

在二维时空图中,如果 Alice 的匀加速度是 a 的话,可以证明,这条双曲线与 x 轴的交点位于 $x=1/a^2$ 的位置。为不失一般性,可假设 $a=1$,那么双曲线与 x 轴的交点,就位于 $x=1$ 的位置。

现在,我们进一步考虑加速度为 2、1/2、1/3、1/4、…情况的参考系。也就是说,除了 Alice 所乘坐的宇宙飞船之外,地球上的科学家们还发射了好多个加速度不相同的宇宙飞船,形成了一个宇宙飞船群。群中的每一个飞船在二维闵氏时空中都能画出一条双曲线。这些双曲线都以同一条原点光锥线为渐近线,加上从原点出发的辐射状等时线,在二维时空中形成一组特别的坐标系,叫做"伦德勒坐标系"(Rindler Coordinates),见图 3-6-1。闵可夫斯基时空是平坦的,平坦时空中可以有曲线坐标,正如在二维的平面上有直角坐标系,也有极坐标系一样。伦德勒坐标系便是平坦闵氏空间中的曲线坐标,因为它是由匀加速观测者的世界线构成的,所以也叫加速度坐标系。

在匀加速坐标系中,习惯将原点选在双曲线的两条渐近线的交

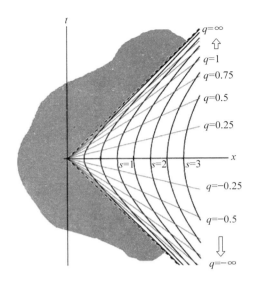

图 3-6-1　伦德勒坐标

点。坐标系中所有的双曲线都以这两条光锥线为渐近线，越接近光
锥的双曲线，具有更大的固有加速度，实际上光锥本身也属于这一族
双曲线之一，它对应于固有加速度为无穷大的那一条机械曲线。

　　伦德勒加速度坐标系不仅可以用来模拟和理解"黑洞"，也被人
用来解释"贝尔的飞船佯谬"（Bell's spaceship paradox）。之前讨论
过的双生子佯谬，人们质疑的是时钟变慢的效应，而飞船佯谬质疑的
则是空间的"尺缩效应"。

　　有两艘用绳索连在一起的宇宙飞船。地面上的操作者让它们以
相同的加速度同时从静止开始运动。那么，在以地面为静止参考系
中的观察者看来，两艘飞船的速度在任何时刻都是一样的，因而两艘
飞船间的空间距离保持不变。由于飞船和绳索都以高速运动，它们
会有"尺缩效应"。空间的距离不变但绳索的长度却缩短了，绳索应

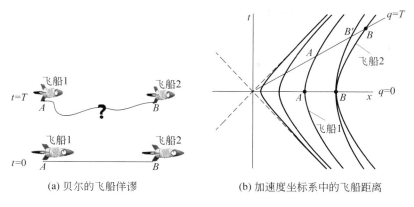

(a) 贝尔的飞船佯谬　　　　　(b) 加速度坐标系中的飞船距离

图 3-6-2　贝尔的飞船佯谬

该断裂才是，另一种观点则认为绳索不会断。到底"断"还是"不断"呢？我们不想在此多加讨论，有兴趣的读者可参考维基百科中的"贝尔的飞船佯谬"[27]。

7. 质能关系 $E = mc^2$

　　理论物理学家马克斯·玻恩（Max Born，1882—1970）在回忆爱因斯坦时说道："他之所以如此与众不同，不是因为他的数学能力，而是因为他具有一种不可思议的洞悉自然奥秘的本领。"

　　爱因斯坦的物理嗅觉异常灵敏，他能从大家熟视无睹的现象中闻出异味。他所建立的两个相对论的思想来源，其实可以追溯到他16岁时突然产生的一个灵感。当时的爱因斯坦知道了光是以很快速度前进的电磁波，于是他想：如果他骑在一束光上能看到些什么呢？看到的情况是否与静止时有所不同呢？

尽管我们不知道当时爱因斯坦所得"灵感"的具体细节,但不妨猜想一下。也许他会进一步想,如果这束光就是从一个时钟上反射过来的,情况又会怎么样呢?本来,我们能够看见时钟指示的数目也正是因为这个反射光传播到了我们眼睛里的缘故,而现在,我骑着这束光,和它一起前进的话,时钟指示的数目对我来说不是就应该不会变化了吗!这就是与在静止坐标系中看到的不同景象了,静止坐标系中的时钟,显然是在不停滴答作响往前走的。

不难看出,上面的想法中已经有了"同时"的相对性的影子。正是这种儿时特有的好奇心和物理直觉,使爱因斯坦不同于洛伦兹、庞加莱等人。后两人擅长数学运算,把很多东西作为数学技巧玩转起来游刃有余,但却闻不出尝不到其中的物理滋味。只有爱因斯坦,正是在深入研究了这个一般人不会去深究的"同时性"概念后,确定了"光速不变"和"相对性"两个简单原理的基础之上,建立了狭义相对论。

下一章中将要介绍的广义相对论,也是基于两个简单的原理。一是"广义相对性"原理,不过是原来相对性原理的推广而已。另外一个"等效原理"的灵感,与爱因斯坦 16 岁时的想法也有些类似,不过有趣的是,这次灵感的思想不是"骑着光走",而是想象自己与自由落体一起下落。对此,我们将在下一章中详细讨论。

狭义相对论不仅仅通过四维时空将时间和空间这两个概念统一在一起,而且很多物理量在四维时空中也被统一起来了。比如说,能量和动量成为一个四维动量,麦克斯韦方程可以用四维矢量势写成一个四维协变的形式。

爱因斯坦善于"从一团乱麻中寻找出最重要最核心的东西",他天才地在狭义相对论中导出了描述能量、质量关系的质能公式：$E=mc^2$（具体推导过程请见附录 E）。据说这个公式已经深入人心，是人类历史上最有名的公式之一，已成为人类文化的一部分。我们有时会在一些与物理完全无关的场合看到这个式子，可能是对上述说法的一个佐证。

在牛顿理论中，质量和能量是两个完全不同的概念。静止物体有质量没有能量，物体运动时能量增加质量不会增加。经典物理中的物质守恒和能量守恒，是两个互相独立的定律。这也就是为什么将质量称为"静止质量"的原因。

狭义相对论中，三维空间被四维时空所代替，质能关系表明了静止质量 m 和其内禀能量的关系。它表明物体相对于一个参照系静止时仍然有能量 mc^2。反之，在真空中传播的一束光，其静止质量是 0，但由于它们有运动能量，因此它们也有所谓因运动而具有的"相对论质量"。不过，基于历史的原因，在大多数情况下，人们仍然只用 m 表示静止质量，不常使用"相对论质量"这个术语。

这个等式所描述的不是质量和能量的互相转化，而是表明了质量、能量是同一个东西，物体的质量实际上就是它自身能量的量度。

4

引力和弯曲时空

1．等效原理

　　上帝经常和人类开玩笑。他早早地派来一个牛顿，点亮了科学殿堂角落里的一个小火把，却让无数多个大门紧锁的房屋仍然隐藏于深邃的黑暗之中。牛顿之后将近 200 年，人类在其火把的照耀下忙乎了一阵子，看清楚了周围不少景观；将牛顿的物理及数学方面的理论发扬光大，同时也发展了多项技术、掀起了工业革命；正兴致勃勃地试图初建文明社会。然而，上帝总想在人类科学殿堂上玩点儿什么花招。于是，来了个数学家黎曼，他造出了一把精妙绝伦的钥匙，将它交给人类后，年纪轻轻便驾鹤西去。可是，谁也不知道这个精美的钥匙有何用途？它能开启殿堂中的哪扇大门呢？时光荏苒，又过了半个世纪……

　　爱因斯坦来到了这个世界，他最感兴趣的事就是探索上帝的思想和意图,想了解上帝到底在开些什么玩笑、玩点什么花招?尽管爱因斯坦小时候不像是个神童,但后来也并非"大器晚成",他 26 岁就以研究光电效应和建立狭义相对论而一鸣惊人。

狭义相对论是基于爱因斯坦认为最重要、最具普适性的两个基本原理——相对性原理和光速不变原理而建立的。它用洛伦兹变换,将麦克斯韦的电磁理论天衣无缝地编织进新的时空理论中。

建立了狭义相对论后不久,爱因斯坦便认识到这个理论并未真正体现相对性原理,因为它仍然赋予了惯性坐标系以特殊的地位。况且,在真实的物理世界中惯性坐标系并不存在,因为万有引力无所不在,从而导致加速度无所不在。于是,爱因斯坦做了一些尝试,试图把狭义相对论推广到非惯性坐标系。但结果不尽如人意,"引力"这个家伙不那么好对付,无法将它简单地塞进狭义相对论的框架中。

爱因斯坦毕竟是爱因斯坦,绝不会轻易放弃!况且,他成天坐在专利局的办公室里,驾轻就熟地处理完那些无聊的专利事务之后有的是空闲时间。他的思绪便天马行空般地四处翱翔,飞向他的四维时空,然后在那儿似乎找不到答案,便又飞向浩瀚无际的宇宙,飞向无处不在的引力场!

他不时回忆起小时候想要骑在光束上旅行的奇妙想法,那给了他思考"同时性"的灵感。而现在呢,当他被引力所困惑之时,什么才能启发他的灵感呢?也去骑到引力上吗?如何才能骑上去呢?终于有一天,爱因斯坦脑海中突然闪过一个念头:对了,如果我随着引力的作用自由地掉下去、掉下去……那么,我就将感觉不到重力的作用了——那时候我就可以等效于是在一个惯性坐标系中!

之后,爱因斯坦回忆这一段"悟出"等效原理的思考过程时说,那是他一生中最快乐的一个念头!

根据狭义相对论,时间和空间不再是独立、绝对的,闵可夫斯基的四维时空将它们联系在一起。在这个理论框架里,所有相对作匀速运动的惯性参考系都是平权的,物理定律在任何惯性参考系中都具有相同的形式。这点似乎完美地满足了爱因斯坦的相对性观念。但是,仔细想想问题又来了:除了惯性参考系之外,还有非惯性参考系呢——比如说在一个加速参考系中的物理规律,是否也应该与惯性参考系中物理规律形式一致呢?

上帝不应该只是偏爱那些被挑选出来称之为"惯性参考系"的系统吧,况且,哪些参考系有优先权作为"惯性参考系"呢?既然对惯性参考系而言,速度只有相对的意义,难道还有理由把加速度当作绝对概念吗?爱因斯坦建立了狭义相对论之后,立即意识到这些问题。这种"狭义"的相对性原理,似乎仍然没有真正摆脱"绝对参考系"的困惑,只不过是用了多个"绝对"替代了原来的一个而已。因此,这个"狭义"的概念必须推广。此外,爱因斯坦也经常思考"引力"的问题:如何才能将万有引力也包括到相对论的框架中呢?

最简单的非惯性参考系是相对惯性系统作直线匀加速运动的参考系。从最基本的原理、最简单的情形出发来思考问题,从来就是爱因斯坦的特点。

科学研究最重要的原动力是什么?不是对功成名就的向往,不是对物质利益的追求,也不是出于对大师、前辈的膜拜或者想要出人头地的愿望。就爱因斯坦而言,最重要的是他对大自然始终保持着的那颗如孩童般纯真的好奇心。不可否认,光电效应的理论探索带给他荣誉,狭义相对论和广义相对论的建立带给他满足;但只有这种始终如一的好奇心,才能支持他在后半生四十年如一日地持续钻研统一理论并且终究未成正果也无怨无悔。也许,这才是爱因斯坦"天才"的奥秘所在。

回到非惯性参考系和引力。凡是有一点点物理知识的人,都知道意大利的比萨斜塔,因为伽利略就是在那里做的"自由落体"实验。伽利略的实验证明了,地表引力场中一切自由落体都具有同样的加速度。也就是说,不管你往下丢的是铁球还是木球,都将同时到达地面。后来又有一种看法,说伽利略本人并未做过此斜塔实验。但这点并不重要,斜塔实验所证明的物理规律是公认的。后人进行过多次类似的实验,还不仅仅在地球上。1971 年,阿波罗 15 号的宇航员大卫·斯科特,在月球表面上将一把锤子和一根羽毛同时扔出,两样东西同时落"月"之后,他兴奋地对地球上的数万电视观众喊道:"你们知道吗? 伽利略先生是正确的!"

无论如何,1907 年的一天,爱因斯坦先生灵光忽现,认识到这条定律的重要性,因为它首先可以被表述为"惯性质量等于引力质量",继而又进一步地推论到加速度与引力间的等效原理。对此原理,爱因斯坦曾经如是说:

"我为它的存在感到极为惊奇,并且猜想其中必有可以更深入了解惯性和引力的关键。"

何为惯性质量,何又为引力质量呢? 简言之,牛顿第二定律 $F = ma$ 中的 m 是惯性质量,它表征物体的惯性,即抵抗速度变化的能力,而引力质量则是决定作用在物体上引力(如重力)大小的一个参数。在伽利略的自由落体实验中,与引力质量成正比的地球引力,克服惯性质量而引起了物体的加速度。这个加速度应该正比于两个质量的比值。正如实验所证实的,下落加速度对所有物体都一样,那么两个质量的比值也对所有物体都一样。既然对所有物体都相同,两者的比例系数便可以选为1,说明这两个质量实际上是同一个东西。这个看起来平淡无奇的结论却激发了爱因斯坦的灵感,他认为其中也许深藏着惯性和引力之间的奥秘。

爱因斯坦设计了一个思想实验来探索这个奥秘。下面的说法不见得完全等同于他原来的描述,但实验的基本思想是同样的。如图 4-1-1 所示,设想在没有重力的宇宙空间中,一个飞船以匀加速度 $g=9.8\text{m}/\text{s}^2$ 上升。也就是说,飞船的上升加速度与地面上的重力加速度相等。关在飞船中看不到外面的观察者,将会感到一个向下的力。这种效应和我们坐汽车时经历到的一样:如果汽车向前加速的话,车上乘客会感觉一个相反方向(向后)的作用力,反之亦然。因此,图 4-1-1(a)和图 4-1-1(b)中的人,无法区分他是在以匀加速度上升的飞船中,还是在地面的引力场中。换言之,加速度和引力场是等效的。

再进一步考虑,如果有光线从外面水平射进宇宙飞船时的情形,如图 4-1-1(a)所示,因为飞船加速向上运动,原来水平方向的光线在到达飞船另一侧时应该射在更低一些的位置。因此,飞船中的观察者看到的光线是一条向下弯曲的抛物线。既然图 4-1-1(b)所示的引力场,是与图 4-1-1(a)所示的等效的,那么当光线通过引力场的时候,就也应该和飞船中的光线一样,呈向下弯曲的抛物线形状。也就是说,光线将由于引力的作用而弯曲。

光线在引力场中弯曲的现象也可以从另一个角度来理解。可以认为不是光线弯曲了,而是引力场使得它周围的空间弯曲了。或者

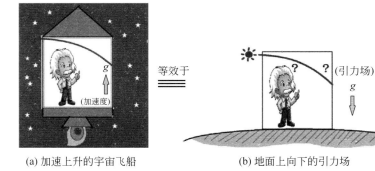

(a) 加速上升的宇宙飞船　　　　　(b) 地面上向下的引力场

图 4-1-1　等效原理

更为准确地表达,沿用广义相对论的术语,是叫做"时空弯曲"了。光线仍然是按照最短的路径传播,只不过在弯曲的时空里的最短路径已经不是原来的直线而已。

从引力与加速度等效这点,还可以推论出另一个惊人的结论:引力可以通过选择一个适当的加速参考系来消除。比如说,一台突然断了缆绳的电梯,立即成为一个自由落体,将会以 $9.8\text{m}/\text{s}^2$ 的重力加速度下降。在这个电梯中的人,会产生感觉极不舒服的"失重感"。不仅仅自己有失重的感觉,也会看到别的物体没有了重量的现象。也就是说,电梯下落的加速度抵消了地球的引力,这其实是我们在如今的游乐场中经常能体会到的经历。爱因斯坦却从中看出了暗藏的引力奥秘:引力与其他的力(比如电力)大不一样。因为我们不可能用诸如加速度这样的东西来抵消电力!但为什么可以消除引力呢?也许引力根本就可以不被当成一种力,就像前面一段所想象的那样,可以将它当成是弯曲时空本来就有的某种性质。这种将引力作为时空某种性质的奇思妙想,将爱因斯坦引向了广义相对论。

　　开始的时候,爱因斯坦还仍然试图按照上面的思路,将引力包括到狭义相对论的范畴中。不过,他很快就意识到碰到了大障碍:一个均匀的引力场的确可以等效于一个匀加速度参考系。但是,我们的宇宙中并不存在真正均匀的引力场。根据万有引力定律,引力与离引力源的距离成平方反比率。也就是说,地球施加在我们头顶的力比施加在双脚的力要小一些。并且,引力总是指向引力源的中心,即作用在我们身体右侧和左侧的引力方向并不是完全平行的。我们在地球表面感到"重力处处一样"的现象只是一个近似,是因为我们个人的身体尺寸相比地球来说实在是太小了,我们根本感觉不到重力在身体不同部位产生的微小差异。然而,爱因斯坦需要建立宇宙中引力的物理数学模型,就必须考虑这点了。在大范围内,这种差异能产生明显的可见效应。比如说,我们所熟知的地球表面的海洋的潮汐现象,就是因为月亮对地球的引力不是一个均匀引力场而导致的,见图 4-1-2(a)。

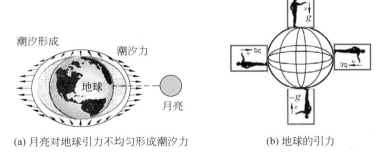

(a) 月亮对地球引力不均匀形成潮汐力　　(b) 地球的引力

图 4-1-2　潮汐力、地球的引力

　　"潮汐力"这个词来源于地球上海洋的潮起潮落,但后来在广义相对论中,人们将由于引力不均匀而造成的现象统称为潮汐力。

尽管"爱因斯坦电梯"的思想实验描述了如何用一个匀加速参考系来抵消一个均匀的引力场,但实际上的引力场却是非均匀的,不可能使用任何参考系的变换来消除。图 4-1-2(b)显示出地球的引力场,在 4 个方向需要 4 个不同的匀加速参考系来局部等效地近似描述。

这个问题困惑了爱因斯坦好几年,直到后来得到了他的大学同窗——数学家格罗斯曼的帮助为止。根据格罗斯曼的介绍,爱因斯坦才惊奇地发现,原来早在半个世纪之前,黎曼等人就已经创造出了他正好需要的数学工具。黎曼几何这把精美的钥匙,就像是为爱因斯坦的理论定做的,有了它,爱因斯坦才顺利地开启了广义相对论的大门。

2. 圆盘佯谬和场方程

1912 年左右,爱因斯坦有了等效原理,有了时空弯曲的想法,有了黎曼几何,有了张量微积分。万事皆备,于是他开始着手构造他的新引力场方程。

和牛顿的引力定律有所不同,爱因斯坦想要建立的是"场"方程。所谓"场",意思就是说空间中每个点都有一个物理量,一般而言这个物理量逐点不一样。"场"的概念在物理上最早由法拉第提出,麦克斯韦在其想法的基础上建立了电磁场方程。在这之前,拉格朗日在研究牛顿理论时,曾经引入了"引力势"的概念。后来,拉格朗日的学生泊松推广了引力场理论，建立了与牛顿万有引力定律等效的引力场泊松方程：

$$\Delta\varphi = 4\pi G\rho \tag{4-2-1}$$

式中的 Δ 是拉普拉斯算符，这是引力势 φ 满足的对坐标的 2 阶微分方程，方程右边的 G 和 ρ 分别是万有引力常数和空间的质量密度。

这里再插入一段历史典故。其实，在爱因斯坦建立两个相对论的过程中，数学家庞加莱基本上一直与他并肩同行。尽管两位伟人只在第一次索尔维会议上有过短暂会面。之前我们曾经叙述过庞加莱曾经走到了狭义相对论的边缘，实际上他在 1906 年就已经构造了第一个相对论的引力协变理论[28]，虽然尚有缺陷，但引力场理论已见雏形。

庞加莱的不足之处可能在于对时空的物理本质挖掘得不够深入。在他看来，洛伦兹变换、统一时空等，都仅仅是使理论完美、漂亮的数学手段而已。

真正使爱因斯坦的引力观念飞跃上升到时空几何层次的，是他的好友埃伦费斯特提出的转盘佯谬。在这个悖论中，一个圆盘以高速旋转。试想圆盘由许多大小不一的圆圈组成，越到边缘处圆圈半径越大，圆圈的线速度也越大。由于长度收缩效应，这些圆圈的周长会缩小。然而，因为圆盘的任何部分都没有径向运动，所以每个圆圈的直径将保持不变。周长与直径的比值是我们所熟知的常数——圆周率 π。但根据狭义相对论的尺缩效应，圆盘高速转动时比值会小于 π。就好像圆盘弯成了一个曲面一样，如图 4-2-1(a)所示。

如果圆盘是一个刚体，就不可能弯曲。于是，这个佯谬有另外一种叙述方法：对同样一个圆盘边缘，由于相对论的"尺缩效应"，位于

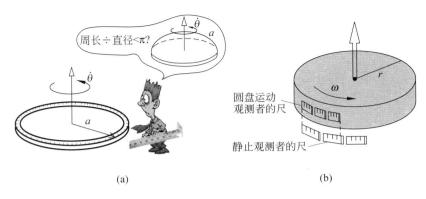

图 4-2-1　转盘佯谬

圆盘边缘上观测者的尺子,测量边缘时要比静止观测者的尺子更短,所以,运动观测者测量到的圆盘周长大于静止观测者的结果。而当运动观测者测量直径的时候,尺子不会缩短,所以,运动观测者测量到的周长与直径的比值要大于圆周率。

总之,无论何种说法都好像要碰到非欧几里得几何。爱因斯坦由此意识到他最初试图将引力和加速度系统包括进狭义相对论的想法是行不通的,他需要另外一种几何,来描述被引力(或加速度)弯曲了的时空。由于我们所在的真实宇宙中各处的引力是不一样的,因而时空的弯曲程度也将处处不一样。爱因斯坦苦苦思索这一切达七八年之久,终于惊喜地发现黎曼几何正好可以将他的狭义相对论与引力场弯曲时空的思想完美地结合在一起,形成一个美妙的新理论。

爱因斯坦喜欢黎曼几何中的"度规"张量场,认为它非常类似于他想要描述的引力势。因此,爱因斯坦现在有了明确的目标——建立一个与空间度规有关的引力场方程,这个方程在"低速弱场"的近似下,应该得到牛顿引力定律的结果,也就是得到式(4-2-1)所描述的泊松方程。

我们再回过头来看式(4-2-1),它的左边是引力势对空间的 2 阶导数,右边除了几个常数之外是物质密度 ρ。因而,泊松方程在物理上可以解释为:空间的物质分布决定了空间的引力势。空间的引力势场是泊松方程的解。

爱因斯坦想要的引力场方程则应该解释为:时空中的物质分布决定了时空的度规。将度规类比于引力势,那么泊松方程左边引力势的 2 阶导数就应该对应于度规的 2 阶导数。从我们所学过的黎曼几何知识可知,与度规 2 阶导数有关的是曲率张量。所以,场方程的左边应该是曲率张量表征的几何量。曲率张量有好几种,爱因斯坦选中了有两个指标的里奇曲率张量。那么,场方程的右边又是什么呢?爱因斯坦将质量密度 ρ 的概念扩展成一个张量,称为能量动量张量。总结上面的想法,爱因斯坦的引力场方程有如下形式[29]:

$$R_{\mu\nu} - \frac{1}{2}Rg_{\mu\nu} + \Lambda g_{\mu\nu} = 8\pi G T_{\mu\nu} \qquad (4\text{-}2\text{-}2)$$

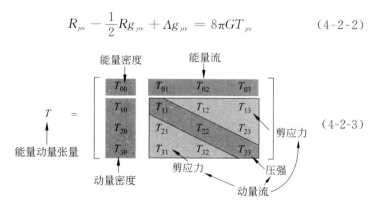

$$(4\text{-}2\text{-}3)$$

方程(4-2-2)右边的 G 和式(4-2-1)中的 G 一样,是牛顿万有引力常数。$T_{\mu\nu}$ 是四维时空中的能量动量张量,物理意义如式(4-2-3)所示。其一般表达式非常复杂,因为爱因斯坦试图把能够产生引力效应（或者说产生时空弯曲）的所有"物质"形态都包括在内。这些"物质"形态不仅仅包括具有静止质量 m 的通常意义下的物质，还包括了所有具有能量的状态。因为按照爱因斯坦著名的质能关系式 $E=mc^2$，任何形态的能量都可以等同于一定的质量，都应该对时空弯曲有所贡献。因而，宇宙中各个系统的剪应力和压强也以动量流的形式被包含在能量动量张量中。

方程的左边则是时空的几何描述部分，其中第一项的 $R_{\mu\nu}$ 是爱因斯坦最开始就选中了的里奇曲率张量。后来，他发现如果只有第一项 $R_{\mu\nu}$ 的话，方程不能自动满足能量守恒和动量守恒的要求，即不能满足能量和动量的连续性方程。于是，他便加上了里奇标量曲率 R 与度规 $g_{\mu\nu}$ 相乘的第二项。

从爱因斯坦引力场方程左边和右边的构成元素，不难明白其物理意义。一个物理方程的求解过程，就是从已知的物理量得到未知函数的过程。对引力场方程(4-2-2)而言，需要求解的未知函数是四维时空的度规张量 $g_{\mu\nu}$。从方程右边的表达式看起来，是里奇曲率张量的线性方程。但是因为里奇曲率张量不是度规的简单线性函数，所以整个爱因斯坦场方程对于待求解的度规张量 $g_{\mu\nu}$ 而言，是高度非线性的，这一点也是完全不同于其他的物理方程之处。比如描述电磁场的麦克斯韦方程、描述量子力学的薛定谔方程等，都是线性偏微分方程，从而可以应用线性叠加原理，即"两个解的线性组合仍然是方程的解"。但这种说法对引力场方程不再成立，因此求解广义相对论的引力场方程异常困难。

此外，能量动量张量表达式(4-2-3)中，看起来包括了所有的产生时空弯曲的"源泉"，但是仍然缺少了一个源泉：引力场自身。引力场或引力波也是一种物理存在，也具有能量，它是否也要被考虑进能量动量张量之中呢？爱因斯坦并未将它放进去——也不知如何放进去。但是，在研究计算具体问题时，却务必需要记住这点。

在"低速弱场"的近似下，引力场方程(4-2-2)可以简化成泊松方程。也就是说，在物体运动的速度比起光速来说低很多而能量动量张量中元素的数值不太大的情况下，广义相对论的结果与经典牛顿力学一致。因而，爱因斯坦对他构造的引力场方程基本满意。

不过，刚才我们还没有谈到方程(4-2-2)左边的第三项。这是与度规张量成正比的一项，其中的比例系数 Λ，便是著名的宇宙学常数。爱因斯坦将它引进到场方程中，演绎出一段有趣的故事。并且，物理学界和天文学界对此宇宙学常数的研究兴趣经久不衰，因为它的存在与宇宙中发现的"暗能量"有关，我们将在下一章中进一步讨论这个问题。

3. 实验证实

剑桥大学三一学院是剑桥大学中最负盛名的学院之一。从这个优美、古老的庭院中走出了许多名人，著名的物理学家也不乏其人，包括本书介绍过的牛顿、麦克斯韦、玻尔等人。

当然，本书的主人公爱因斯坦并非出自这个名门院校，因为他是德国人。并且，爱因斯坦思想新颖、不拘一格，并不在乎学院式的严谨教育。不过，从三一学院却走出了一个爱因斯坦广义相对论的热心宣传者和崇拜者，并且他用天文观测事实证明了广义相对论有关引力场附近光线偏转的预言。他就是英国天体物理学家和数学家斯坦利·爱丁顿(Stanley Eddington,1882—1944)。

广义相对论需要得到实验的检验。它所预言的光线偏转,应该能在日全食的时候观测到。实际上,不是日食的时候,星体发出的光线经过太阳附近也会弯曲,但是因为太阳发出的光太强了,使得无法观察到光线偏转的现象,而日全食则是一个很好的机会。1914年,有一支德国的科学探险队奔赴俄罗斯,企图完成这个科学任务以验证广义相对论。但此行未能成功,因为刚好碰到第一次世界大战爆发,德国的科学家们被俄国士兵俘虏了。

由于第一次世界大战的缘故,英国和德国的科学界也互隔音讯。所以,爱因斯坦的广义相对论开始时在英国鲜为人知。爱丁顿是第一个用英语向英国科学界介绍相对论的人。他反对战争、拒服兵役,一直关注爱因斯坦研究工作的进展。1919年,战争的硝烟刚刚过去,他就率领一支科学远征队,前往非洲观察日全食,目的就是要验证广义相对论有关光线在太阳附近偏转的预测。

当爱丁顿从非洲返回向媒体宣布结果时,整个世界都为广义相对论的胜利而疯狂、沸腾,据说当初大众的疯狂程度不亚于如今的追星族。各大报纸都以头版头条报道、宣传这条科学新闻。此后,爱因斯坦从一个不起眼的专利局小职员,一跃成为全世界的科学明星。2009年,为庆祝爱丁顿宣布证实广义相对论90周年,BBC电视台拍摄了一部名为《爱因斯坦与爱丁顿》的纪录片,对当时的事件进行了描述。

实际上,从牛顿的引力理论也可以计算光线经过太阳附近时的偏转,但算出的结果是 0.87″①的偏离。而广义相对论的预言结果是牛顿结果的两倍:1.74″。爱丁顿的观察得到 1.64″,基本验证了爱因斯坦预言的数值。当时的爱丁顿自然也成为公众心目中的英雄人物。据说爱丁顿自认为是除了爱因斯坦之外,世界上最懂广义相对论的人。当美国物理学家席柏斯坦对他说世界上只有三个人懂得广义相对论时,爱丁顿却幽默地反问:"谁是第三个人啊?"

除了热心支持验证相对论之外,爱丁顿对天体物理学其他方面也做出了贡献。他第一个提出恒星的能量来源于核聚变,支持和发展了大数假说(大数假说是保罗·狄拉克于 1937 年提出的一个假设。他比较了两个不带量纲的量值:引力与电磁力的比值和宇宙年龄的尺度,发现二者均为约 40 个数量级,他认为这并非巧合,并设计了一个模型)等。和爱因斯坦有些类似,爱丁顿在中年之后,一直做着统一理论之梦,想要将量子理论、相对论和引力理论统一起来。

爱丁顿对光线弯曲的测量(图 4-3-1(b))是广义相对论发表后的三大经典实验验证之一。另外两个是解释水星近日点的进动(图 4-3-1(a)),以及光线的引力红移现象(图 4-3-1(c))。

从牛顿引力理论可知,行星绕着太阳作椭圆运动,太阳位于椭圆的一个焦点上。行星的轨道上离太阳较近的那个位置叫做"近日点"。天文学家们很早就观测到,水星的椭圆轨道并不是一成不变的,而是作着所谓的"进动"。进动的原因主要是由于其他行星对水星轨道的影响。比如说,观察到的总进动值大约为每一百年 574.64″±0.69″,其中 531.63″±0.69″是由于其他行星的影响而产生的。如

---

① 1″=1°/3600。

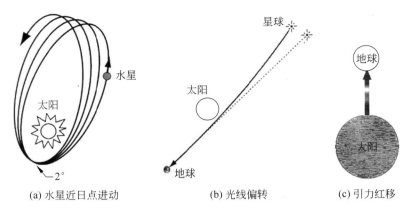

(a) 水星近日点进动   (b) 光线偏转   (c) 引力红移

图 4-3-1　广义相对论三大经典实验验证

果把这些影响除去的话,根据牛顿理论,太阳和水星是个简单的二体问题,椭圆的位置应该是固定的。那么,额外的 43″ 左右的进动是哪里来的呢?牛顿理论无法解释这点。但是,根据广义相对论弯曲时空的理论计算出来的水星近日点进动值,精确地解释了这个额外的进动值。

广义相对论还预言,光波从巨大质量的引力场源远离时,频谱会往红端移动。也就是说,光线的频率变低,波长变长,此谓"引力红移"。其频率移动为 $GM/(c^2r)$。这里 G 是引力常数;M 是发光天体的质量;c 是光速;r 是离天体中心的距离。引力红移不是很容易验证的现象,因此,直到 1969 年才由哈佛大学的 Pound-Rebka 实验所证实。

之后,更多的天文观测实验都证明广义相对论比牛顿引力理论能够更精确地解释天文现象。因而,广义相对论已经成为现代宇宙学的理论基础。

4. 时空中的奇点

一般情形下,爱因斯坦的场方程无法求解,但在某些特殊条件下可以解出。1915 年 12 月,在爱因斯坦刚刚发表广义相对论 1 个月后,德国天文学家卡尔·史瓦西(Karl Schwarzschild,1873—1916)即得到了能量动量张量为球对称情形下爱因斯坦场方程的精确解。可叹的是当时正值第一次世界大战,史瓦西参加了德国军队,正在俄国服役。史瓦西把他的计算寄给了爱因斯坦,但还没有来得及看到他的论文发表,史瓦西就因为在战壕中染病而结束了他年仅 42 岁的生命,也过早结束了他的学术生涯。不过,以他的名字命名的"史瓦西度规"和"史瓦西半径",却永久地和黑洞连在了一起。史瓦西的精确解指出,如果某天体全部质量都压缩到很小的"引力半径"范围之内,所有物质、能量(包括光线)都被囚禁在内,从外界看,这天体就是绝对黑暗的存在,也就是"黑洞"。

如何理解黑洞?相信大家都听说过,但大多数人可能又不甚了解。虽然它绝对是一个有了广义相对论之后才有的概念,尽管"黑洞"一词是由约翰·惠勒在 1968 年才命名的,但我们仍然可以从经典力学的观点找到它在爱因斯坦时代之前的蛛丝马迹。早在 1796年,著名物理学家拉普拉斯就曾经预言过类似天体的存在;1917 年,史瓦西从广义相对论构造出此类"奇点"的数学结构。后来,当惠勒赋予了此类天体"黑洞"这个通俗易懂的名词之后,它们才为广大公众所知晓,并且很快成为了许多科幻小说和电影的热门题材。

为了便于理解,我们可以给黑洞下一个比较通俗的定义:黑洞是一部分时空,其中的引力大到连光也不能逃离它。或者换言之,用牛顿力学的语言来说,"逃逸速度"超过光速的天体,就叫做"黑洞"!

根据牛顿力学,每个星体都可以算出一个物体可以逃离它的最小速度,即逃逸速度。从日常生活经验我们知道,当上抛一个物体,用的力气越大,就能使它得到更大的初速度,将它抛得越高,它最后返回地球的时间也就越长。

如图 4-4-1(a)所示,当被抛物体的速度大到一定的数字,能使这个物体绕着地球转圈,如果速度再增大,物体便能够逃离地球的引力,进到宇宙空间中,再也不回来了。这个临界速度,便是逃逸速度。逃离地球的引力范围是可能的,我们个人在抛球的时候做不到,但火箭和宇宙飞船能做到。地球表面的逃逸速度大约为每秒 11.2km,相对于我们日常运动速度来说够快的了,但比起每秒钟 30 万 km 的光速来说,还太小了。因此,地球远远不是一个黑洞!

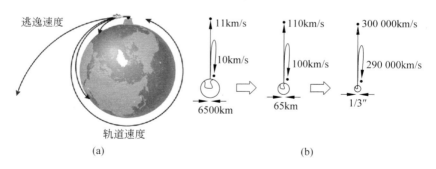

图 4-4-1 逃逸速度

天体的逃逸速度与天体的质量和半径有关,简单地使用万有引力定律就可以得出它的计算公式:逃逸速度的平方与质量成正比,

与半径成反比。那么,如果我们假设地球的质量是一个固定的数字,
而由于某种原因,它的半径却不断地缩小又缩小,好像是将一个弹性
橡皮球使劲压缩进一个越来越小的空间中,如同图 4-4-1(b)的情形,
要想逃逸这个天体所需要的速度会越来越大。当地球(或称之为具
有地球质量的假想天体)的半径缩小到大约 1/3 英寸①时,逃逸速度
便增加到了光速的数值。我们都知道,任何实物和信息都不能跑得
比光还快。因此,对那么一个装下了整个地球质量的弹子球而言,任
何事物,即使是光也不能逃离它。如此一来,这样的"地球"就转化成
了一个黑洞!

根据牛顿力学计算逃逸速度不难,如果用爱因斯坦的广义相对
论,事情当然要复杂许多,但基本思想是类似的。引力场方程的解,
描述的是在一定的物质分布下时空的几何性质,它实际上是一个
2 阶非线性偏微分方程组,要想在数学上求得此方程组的解非常困
难。方程只在某些特殊情形下有解析解,比如,引力场方程的真空解
是平直的闵可夫斯基四维时空;物质分布为球面对称的精确解称为
"史瓦西解"。

从史瓦西解可以得到与黑洞形成有关的史瓦西半径,与刚才我们
用万有引力定律讨论的逃逸速度达到光速时的半径数值相符合。这个
表征黑洞的特别参数后来被称为黑洞的"事件视界"(event horizon)。

根据广义相对论,如果星体在一定条件下发生了引力坍缩,坍缩
到史瓦西半径形成黑洞之后,还会继续坍缩下去。到最后,所有的物
质高度密集到一个"点",一个被称为"奇点"的点。当然,这在实际情

---

① 1 英寸=0.0254 米。

形下是不可能的，只不过是理论描述的一种数学模型。但无论如何，我们可以想象为所有物质都集中在一个很小的范围之内。

因此，根据广义相对论，我们可以如此表述黑洞的数学模型：黑洞是一个质量密度无穷大的奇点，被一个半径等于史瓦西半径的事件视界围绕着，如图 4-4-2 所示。

广义相对论不仅能计算出黑洞的事件视界，还预言了在黑洞的事件视界之内，时空的种种奇怪性质。这里仅举一个有趣的例子予以说明。

图 4-4-2 黑洞的广义相对论模型

设想 Alice 和 Bob 一同坐着宇宙飞船旅行到了黑洞附近。悲剧突然发生了：勇敢却又莽撞的 Alice 掉进了黑洞，而将一筹莫展的 Bob 留在了事件边界之外，如图 4-4-3 所示。根据广义相对论的结论，有关 Alice 在到达奇点之前的情况，黑洞外的观察者 Bob 看到的和 Alice 自己感受到的完全不同。

图 4-4-3 史瓦西黑洞

　　Bob 看到 Alice 越来越接近视界,并且是越来越慢地接近视界,而且她的消息传过来花费的时间也越来越长,最后变成无限长,也就等于没有了消息。而掉进了黑洞事件视界的 Alice,却对自己的危险浑然不知,没有什么特殊的感受,始终快乐地作为自由落体飘浮着,完全不知道自己已经穿过了黑洞的边界,再也回不去了! 直到后来,她真正靠近了黑洞中心的那个奇点。不过那时候很可悲,她还来不及思考,就被四分五裂、撕得粉碎了。

　　刚才的例子纯粹是个理论问题,我们不用为地球上真实的 Alice 担心。因为根据天文学的观测资料,目前距离我们最近的黑洞也在 1000 光年[①]之外。

5. 霍金辐射

　　物理学的专业词汇中,恐怕很难找出别的一个术语,能比"黑洞"更加深入公众之心。黑洞又和那个轮椅上歪歪倒倒的传奇人物霍金的名字连在一起。因此,两者都广为人知。40 年之前,英国物理学家斯蒂芬・霍金将量子论引入黑洞的经典理论[30],提出"霍金辐射"的观点。而 2014 年 1 月,据说这位著名科学家在一篇文章中否定了自己对黑洞的看法,认为黑洞不存在。但是仔细研究一下霍金的文章[31],便能发现霍金的原意与在媒体渲染下造成的公众影响大相径庭。

　　量子力学和相对论是 20 世纪物理学的两项重大成果。100 年左右的历史中,大量实验事实和天文观测资料分别在微观和宏观世界

---

① 1 光年 $= 9.46 \times 10^{15}$ 米。

验证了这两个理论的正确性。然而,当这两个理论碰到一起时,却总是水火不相容,这其中的根本原因,都得归罪于"引力"(gravitation)这个桀骜不驯的家伙。从 1687 年牛顿发表万有引力定律,到爱因斯坦 1915 年的广义相对论,直到现在……几十上百年来,一代又一代的理论物理学家们倾注了无数心血,花费了宝贵光阴,至今仍然对它们的本质知之甚少,对它们难以驾驭。所幸的是,需要同时用到这两个理论来解决引力问题的场合不多,可以说是非常之少。在研究宇宙和天体运动的大尺度范围内,广义相对论可用于解决引力问题,而在量子理论大显神通的微观世界中,引力非常微弱,大多数情况都可以对其效应不予考虑。然而,有两个例外的情况,必须既要用到量子力学,又要应用引力理论。它们之中的一个是宇宙的开始时刻,即大爆炸的起点;另一个就是黑洞。在这两种情况下,尚未被物理学家统一在一起的引力和量子,便打起架来了。霍金对黑洞问题发表的最新说法,便是为了解决理论上的矛盾而提出的一种方案。

广义相对论的核心是引力场方程。方程的一边是物质的能量动量张量,另一边则是由四维空间的曲率及其导数组成的爱因斯坦张量。著名美国物理学家约翰·惠勒曾经用一句话来概括广义相对论:"物质告诉时空如何弯曲,时空告诉物质如何运动。"[32]这句话的意思就是说,时空和物质通过引力场方程联系到了一起。这种联系可以利用图 4-5-1(a)来说明。在图中,极重的天体使得周围空间弯曲而下凹,这种下凹的空间形状又影响了这个天体以及周围其他物体的运动轨迹。

还可以进一步用一个日常生活中容易理解的现象来作比喻:一个重重的铅球放在橡皮筋绷成的弹性网格上,使橡皮筋网下陷。然后,另外一些小球掉到网上,它们将自然地滚向铅球所在的位置。如何解释小球的这种运动?牛顿引力理论说:小球被铅球的引力所吸引。而广义相对论说,是因为铅球造成了它周围空间的弯曲,小球不过是按照时空的弯曲情形运动而已。

图 4-5-1(b)两个图则表明:天体质量越大,空间弯曲将会越厉害。大到一定的程度,蹦蹦网被撑破而形成了一个东西全往下掉并且再也捡不起来的"洞",即黑洞。

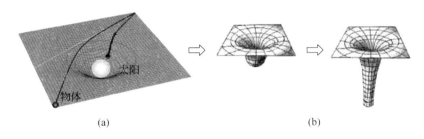

太阳

物体

(a)　　　　　　　　　　　(b)

图 4-5-1　引力引起时空弯曲到破裂成为黑洞

在 20 世纪 70 年代以前,物理学家一直沿用黑洞的上述广义相对论模型。但是,黑洞的引力是如此之巨大,尺寸又是如此之小,对引力的量子理论跃跃欲试的理论物理学家们,自然而然地将手伸进了这个迷宫。70 年代初,理论物理学家雅各布·贝肯斯坦(Jacob Bekenstein,1947—　)研究了黑洞的熵及其热力学性质;斯蒂芬·霍金则提出黑洞也有辐射,即"霍金辐射"。

霍金认为,在黑洞的事件视界边缘,由于真空涨落,将不断发生粒子-反粒子对的产生和湮灭。因为处于视界边缘,很大的可能性为这两个粒子中的一个将掉入黑洞,另一个则表现为像是黑洞的辐射。由于这种被称为"霍金辐射"的现象,黑洞将不断地缓慢地损失能量。

最终的结果会导致所谓的"黑洞蒸发"而消失不见。

真空涨落产生的粒子-反粒子对,有点像上一节所举例子中的 Alice 和 Bob,只不过正反粒子对是凭空随机产生的,但它(他)们符合的经典运动图像可以类比。

既然霍金开了一个头,将量子论引入了黑洞研究中,人们便蜂拥而至。然而,至今 40 年过去了,除了遭遇到许多困难、提出了几个悖论之外,可以说成果甚少。

首先,黑洞由星体坍缩而形成,形成后能将周围的一切物体全部吸引进去,因而黑洞中包含了大量的信息。而根据"霍金辐射"的形成机制,辐射是由于真空涨落而随机产生的,所以并不包含黑洞中任何原有的信息。但是,这种没有任何信息的辐射最后却导致了黑洞的蒸发消失,那么黑洞原来的信息也都全部丢失了。可是量子力学认为信息不会莫名其妙地消失。这就是黑洞的信息悖论。

此外,形成"霍金辐射"的一对粒子是互相纠缠的。量子纠缠态是量子理论最基础的概念之一,已经被各种实验所证实。处于量子纠缠态的两个粒子,无论相隔多远,都会相互纠缠,即使现在一个粒子穿过了黑洞的事件视界,也没有理由改变它们的纠缠状态,这点显然与相对论预言的结果相矛盾。

6. 黑洞战争

理论物理学家们一直在为解决信息悖论及与黑洞相关的其他问题而努力,提出了各种方案和理论。

美国斯坦福大学教授伦纳德·萨斯坎德(Leonard Susskind, 1940—　)是一个幽默风趣的美国理论物理学家,颇有理查德·费曼的风格。据萨斯坎德自己回忆,因为高中时候是一个"坏小子"而大学阶段学习工程,后来才立志成为一个理论物理学家。萨斯坎德是弦论的创始人之一,他著有一本书《黑洞战争》[48],精彩地描述了物理学界30年来有关黑洞本质特性的一场论战。论战中的一方是萨斯坎德和1999年诺贝尔物理学奖得主,荷兰物理学家赫拉德·特霍夫特,另一方则是公众熟悉的霍金。

如上一节中介绍的,霍金提出了霍金辐射以及黑洞蒸发的理论,造成了信息悖论。然而,萨斯坎德等人意识到,这种观点不符合量子力学,将使物理学陷入危机。他们认为,并非理论本身有问题,而是由于霍金对量子论的概念有错而造成了危机。

黑洞的确是一个令物理学家们着迷而又困惑的研究对象。物理学家霍金似乎已经成了大众心目中"黑洞"一词的代表,将他视为研究黑洞的最高权威。然而,你可能没有听说过,霍金因为对黑洞问题的理解曾3次与物理学界的同行们打赌,但有趣的是,每次都以霍金输掉赌局而告终。

在当今世界上研究引力理论的众多物理学家当中,美国理论物理学家基普·索恩(Kip Stephen Thorne,1940—　)被认为是权威之一。索恩是加州理工学院教授,和费曼一样,他也是当年约翰·惠勒在普林斯顿大学的博士学生之一。索恩喜欢以黑洞问题为目标与人打赌,而且每次都赢。除了其中的3次赢了霍金之外,还有最早一次是赢了印度裔美国物理学家、诺贝尔物理学奖得主钱德拉塞卡,那次,他们是就黑洞稳定性的问题打赌。

由此可知索恩对黑洞概念的功底之深。1997 年,索恩、普雷斯基尔与霍金就以上所述的黑洞信息丢失问题打赌。霍金认为黑洞蒸发后信息没有了,而索恩和普雷斯基尔认为黑洞可以隐藏它内部的信息。三人打赌的赌注是一本百科全书。

黑洞信息悖论实质上也是因为广义相对论与量子理论的冲突而产生的,霍金站在广义相对论一边,萨斯坎德等人则站在量子论一边。索恩和普雷斯基尔其实都算是引力方面的专家,不过,他们独具慧眼,将赌注下到了萨斯坎德一边。

萨斯坎德和特霍夫特从计算黑洞熵中悟出了一个全息原理,从而解释了信息悖论。全息原理认为,信息不会丢失,黑洞的边界储存了进到黑洞中的包括物质组成和相互作用的所有信息。

另外,萨斯坎德热衷于互补原理。类似于量子力学中认为光"既是波又是粒子"这样互补的观点,萨斯坎德认为黑洞内外的两个观测者观察到的现象也是互补的。比如说,故事中的 Alice 可以既在黑洞内,又在黑洞外。不要非得取其一,完全可以同时"既是此又是彼",是互补的两者。换言之,物质落入黑洞的过程,完全可以用边界上的量子理论来理解和描述。物理学家们使用全息原理直接计算出了多种黑洞的熵,计算表明"霍金蒸发"并非随机的,其中包含了进入黑洞的物质的所有信息。全息原理的成功,使得霍金本人也认输了:在 2004 年一次广义相对论和引力国际会议上,霍金宣布,黑洞的演化是符合因果律的,并没有丢失信息,他承认输掉了这场赌赛。

2013 年,美国加州大学圣芭芭拉分校的 4 位理论物理学家(AMPS)发表了一篇论文《黑洞:互补还是火墙?》(*Black Holes: Complementarity or Firewalls?*)[33]。

　　文章的 4 个作者，以理论物理学家约瑟夫·玻尔钦斯基（Joseph Polchinski，1954—　　）为首。他们提出"黑洞火墙"悖论。（作者注：Firewall 可以翻译成防火墙，但在这儿的意思不是"防火"的墙，而是"着火"的墙，故翻为"火墙"）。他们认为，在黑洞的视界周围，存在着一个因为霍金辐射而形成的能量巨大的火墙。当量子纠缠态的粒子之一（比方说 Alice）穿过视界掉到这个火墙上的时候，并不是像广义相对论所预言的，悠悠然什么也不知道，毫无知觉地穿过视界被拉向奇点，而是立即就被火墙烧成了灰烬。原来的量子纠缠态也在穿过视界的瞬间便会立即被破坏掉。

　　这篇论文把矛盾集中到了黑洞的边界——事件视界（Event Horizon）上。就此争论，霍金于 2013 年 8 月份在加州圣巴巴拉科维理理论物理研究所召开的一次会议上发表了讲话，而他于 2014 年 1 月 22 日发表的文章便是基于这个会议发言。

　　为了解决这个矛盾，霍金提出了一个新的说法，认为事件视界不存在，而代之以一个替代视界叫做表观视界（apparent horizon），认为这个所谓的表观视界才是黑洞真正的边界。并且，这一边界只会暂时性地困住物质和能量，但最终会释放它们。

　　因此，霍金没有否定黑洞的存在，只是重新定义了黑洞的边界。

　　黑洞问题争论的实质，是广义相对论和量子理论产生的矛盾。只有当有了一个能将两者统一起来的理论时，才能真正解决黑洞的问题。

5

茫茫宇宙

1. 宇宙学常数的故事

爱因斯坦在 1905 年建立了狭义相对论,1915 年建立广义相对论的引力场方程,在 1917 年的一篇文章中引入了宇宙常数一项。场方程看起来并不是很复杂,但解起来却异常困难。我们暂时忽略宇宙常数一项,考察一下引力场方程包含的物理意义。如今我们很难体会和揣摩爱因斯坦当时的真实思想,但可以从我们现在所具有的物理知识出发,首先来重新认识一下场方程到底意味着些什么。为方便起见,将该方程在此重写一遍:

$$R_{\mu\nu} - \frac{1}{2}Rg_{\mu\nu} + \Lambda g_{\mu\nu} = 8\pi G T_{\mu\nu} \qquad (5\text{-}1\text{-}1)$$

为了更深刻地理解广义相对论,不妨先回忆一下狭义相对论。相对于经典牛顿力学而言,狭义相对论否认了速度(即运动)的绝对意义。那就是说,当我们在狭义相对论中谈及速度 v 时,一定要说明是相对于哪个参考系而言的速度,否则就是毫无意义的。到了广义相对论中则更进了一步,因为广义相对论取消了惯性系的概念,速度不仅没有了绝对的意义,连速度对惯性系的相对意义也没有了。比如说,在广义相对论预言的弯曲时空中,我们只能在同一个时空点来比较两个速度(或任何矢量),而无法比较不同时间、不同地点的两个速度的大小和方向,除非我们将它们按照前面介绍过的黎曼流形上平行移动的方法移动到同一个时空点。这也就是为什么我们花了很长的时间来解释黎曼几何和张量微积分等数学概念。因为在(伪)黎曼流形上,每个不同的时空点定义了不同的坐标系,使用它们才能正确描述广义相对论中弯曲时空的精髓。或许可以用一句简单的话来表述得更清楚一些:狭义相对论将独立的时间和空间统一成了"四维时空",广义相对论则将平直的时空变成了带着活动标架的"流形"。

当然,在流形上的一个很小局部范围内,我们仍然可以忽略时空的弯曲效应,近似地使用狭义相对论的概念,但那只是在两个粒子相距非常小的时候才能成立。

再次引用惠勒的名言:"物质告诉时空如何弯曲,时空告诉物体如何运动。"

"物质告诉时空如何弯曲",这点从方程(5-1-1)是显而易见的。因为方程的右边是给定世界的"物质"分布,它决定了方程的解,即度规张量,也就是表征时空如何弯曲的几何度量。后一句话则说的是:弯曲的时空中粒子将如何运动。

考虑在度规为 g_{ij} 的时空中有一个作"自由落体"运动的"试验粒

子"。先澄清一下上一句话中提到的几个概念,以免造成误解。所谓
"试验粒子",就是说它是一个理想的点粒子,这个粒子的能量和动量
很小,以至于它的存在丝毫不影响原来时空的度规张量。所谓"自由
落体",就是说粒子的运动除了受到引力引起的时空弯曲之外,没有
任何其他的作用力。这个"自由落体"的概念比人们通常理解的"垂
直下落"的意思更广泛一些,比如斜抛上抛都包括在里面。这样的试
验粒子应该沿着测地线运动。这时,粒子的速度矢量相应地沿着测
地线平行移动。对应于平坦空间,测地线是弯曲空间中最接近直线
概念的几何量。此外,说到"弯曲空间的测地线"时,实际上指的是
"时间和空间"的弯曲程度及测地线,并非单指通常意义下的三维位
置空间。这点在实际使用时空度规时有很大的区别。下面举个例子
说明这个问题,比如我们周围的地球重力场,基本上仍然是平坦的三
维欧几里得空间,测地线应该是一条直线。如果观察一个向上斜抛
的物体,物体开始时将上升,然后下降,走的是一条明显弯曲的抛物
线。忽略空气阻力等其他因素不计的话,这个上抛物体应该符合上
面提及的"自由落体"定义,但它在空间的轨迹却是抛物线,并非直
线,这是什么原因呢? 这就是因为我们将普通空间当成了广义相对
论中的"时空"。如果真正画出这个上抛"自由落体"在四维时空中的
轨迹,就会发现它与直线的差别非常之小。因为四维时空中的空间
坐标 x,相当于时间坐标 t 乘以光速 c。

用二维球面来理解弯曲时空。两个人从赤道上的不同点出发,
都一直向北走。如果他们原来习惯了平坦空间的几何,他们会以为
他们的运动方向是互相平行的,因而相互距离应该保持不变。然而,
在球面上实验后却会发现他们之间的距离越来越近。对这个事实,

他们可以用两种方式来解释：一是认为有一种力将他们推得互相靠近，另一种则是想象成是由于空间弯曲的几何原因。这两种解释是等效的，正如广义相对论中将引力等效于时空弯曲一样。

爱因斯坦建立了引力场方程后，物理学家和天文学家蜂拥而上，使用各种数学方法研究方程的解，将其与牛顿经典理论比较，用以解释各种天文观测现象。在那个时代，宇宙学还只能算是一个初生的婴儿，物理和天文学界基本上公认宇宙的静态模型。所谓"静态模型"，并非认为宇宙中万物静止不动，而只是就宇宙空间的大范围而言，认为宇宙是处处均匀各向同性的，每一点处朝各个方向看去都会有无穷多颗恒星，恒星之间的平均距离不会随着时间的流逝而扩大或缩小。但是，根据广义相对论的运算结果，宇宙并不符合上述的静态模型，而是动态的，有可能会扩张或收缩。爱因斯坦为了使宇宙保持静态，在引力场方程式中加上了式(5-1-1)中的第三项[34-35]。

当初，爱因斯坦及大多数物理学家都认为，万有引力是一种吸引力，如果没有某种排斥的"反引力"与其相平衡的话，整个宇宙最终将会因互相吸引而导致坍缩。因此，宇宙的命运堪忧。当爱因斯坦在他的方程(式(5-1-1))中引入第二项，使其满足守恒条件的时候就发现，他的方程中可以加上与度规张量成正比的一项而仍然能满足所要求的所有条件。那么，是否可以利用这一项来使得他的方程预言的宇宙图景成为静态、均匀、各向同性的呢？爱因斯坦假设这个比例常数 Λ 很小，在银河系尺度范围都可忽略不计。只在宇宙尺度下，Λ 才有意义。

不过，爱因斯坦的想法很快就被天文学的观测事实推翻了。

首先，物理学家证明了，即使爱因斯坦的宇宙学常数提供了一个能暂时处于静态的宇宙模型,这个静态模型也是不稳定的。只要某一个参数有稍许变化,就会使变化增大而往一个方向继续下去,最后使得宇宙很快地膨胀或坍缩。后来,在1922年,苏联宇宙学家亚历山大·弗里德曼(Alexander Friedmann,1888—1925)根据广义相对论,从理论上推导出描述均匀且各向同性空间的弗里德曼方程[36-37]。在这组方程中,不需要什么宇宙学常数,得到的解却不会因为互相吸引而坍缩,而是给出了一个不断膨胀的宇宙模型。没过几年,哈勃的天文观测数据证实了这个膨胀的宇宙模型[38]。

在弗里德曼"宇宙空间是均一且各向同性"的假设下,宇宙的空间度规 ds 部分,可以写成一个空间曲率为常数的特殊三维空间度规 ds_3,与一个时间标度因子 $a(t)$ 的乘积:

$$ds^2 = a(t)^2 ds_3^2 - dt^2 \qquad (5\text{-}1\text{-}2)$$

原来的爱因斯坦引力场张量方程的未知函数是度规张量 g_{ij},需要通过式(5-1-1)的16个方程求解出来。方程右边的能量-动量-压力张量表达式也很复杂,一般求解根本不可能,甚至连有意义的讨论都很困难。只能够在不同的情况下将方程简化后,再来估计和定性地讨论解的性质。

弗里德曼假设的表达式(5-1-2)就是在大尺度的宇宙空间范围内简化了的度规张量。这里的未知函数只剩下2个:空间度规 ds_3 和时间标度因子 $a(t)$。并且,满足均匀各向同性条件的空间度规 ds_3,只有3种情形,可以分别用一个参数 k 来描述。k 只能取3个值:1、0、-1,分别代表球面、平面及双曲面几何。

基于弗里德曼条件假设的对称性,能量动量张量 T_{ij} 也只需要考虑对角线上的4个元素:和三维压力矢量 **p**。如此一来,引力场方程

(5-1-1)在不考虑宇宙学常数($\Lambda=0$)的情形下,简化为如下 2 个弗里德曼方程:

$$\left(\frac{\dot{a}}{a}\right)^2 = \frac{8\pi G}{3}\rho - \frac{kc^2}{a^2} \qquad (5\text{-}1\text{-}3)$$

$$\frac{\ddot{a}}{a} = -\frac{4\pi G}{3}\left(\rho + \frac{3p}{c^2}\right) \qquad (5\text{-}1\text{-}4)$$

弗里德曼方程是关于宇宙空间的时间因子 $a(t)$ 的变化速率及变化加速度的微分方程,$a(t)$ 是一个无量纲的函数,用以描述宇宙在大尺度范围内的膨胀或收缩。

一开始时,爱因斯坦不怎么瞧得上弗里德曼的工作,认为只不过由此可以满足一下数学上的好奇而已。但后来,弗里德曼根据这个方程,第一个从数学上预言了宇宙的膨胀。再后来,一位比利时的天主教神父,也是宇宙学家的乔治·勒梅特(Georges Lemaître,1894—1966),独立得到与弗里德曼同样的膨胀宇宙的结论。1929 年,哈勃宣布的观测结果证实了这两位科学家对"宇宙膨胀"的理论预言,并由此而否定了引力场方程中宇宙常数一项的必要性。哈勃的观测事实,令爱因斯坦懊恼遗憾不已。

爱德温·哈勃(Edwin Hubble,1889—1953)是美国著名的天文学家,是公认的星系天文学创始人和观测宇宙学的开拓者。他的观测资料证实了银河系外其他星系的存在,并发现了大多数星系都存在红移的现象。重要的是,哈勃发现来自遥远星系光线的红移与它们的距离成正比,这就是著名的哈勃定律:

$$v = H_0 D \qquad (5\text{-}1\text{-}5)$$

式中的 v 是星系的运动速度,D 是星系离我们的距离。从多普勒效应(图 5-1-1(a))知道,如果光源以速度 v 运动的话,观察者接收到的光波波长与光源实际发出的光波波长有一个等于 v/c 的偏移。哈勃观测到来自这些星系的光谱产生红移,说明这些星系正在远离我们而去,见图 5-1-1(b)。比如说,光源远离的速度是 3000km/s,即光速的 1/100,观测到的波长也将向低频方向(红色)移动 1/100。

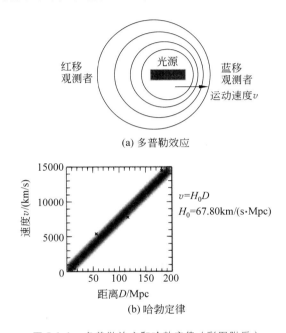

(a) 多普勒效应

(b) 哈勃定律

图 5-1-1　多普勒效应和哈勃定律(彩图附后)

　　哈勃定律说明,离我们越远的星系,远离而去的速度就越快。仔细一想,这描述出的正是一幅宇宙不断扩展、膨胀的图景。其中的比例因子 H 当时被认为是一个常数,后来被认为随时间而变化,叫做"哈勃参数"。但实际上它是随时间的天文数字而变化,一般情况下不用在意,只对研究宇宙的历史等宇宙学问题有关。总之,当时的天

文学家将 H_0 称为哈勃常数。根据 2013 年 3 月 21 日普朗克卫星观测获得的数据,哈勃常数大约为 $67.80\pm0.77\,\mathrm{km}/(\mathrm{s}\cdot\mathrm{Mpc})$。

哈勃参数与弗里德曼方程中的时间因子 $a(t)$ 有关,即

$$H \equiv \frac{\dot{a}}{a}$$

所以,根据弗里德曼的预测和哈勃的实验证实,宇宙并不是稳态的,而是在膨胀的。而弗里德曼的结论本来就是从没有包含宇宙常数的爱因斯坦方程式推导而来的。爱因斯坦在方程中加入的宇宙常数 Λ 成了一个多余的累赘。

爱因斯坦对此耿耿于怀,撤回了他的"宇宙学常数"。据说他在与物理学家伽莫夫的一次谈话中对此表示遗憾,认为这是自己"一生所犯下的最大错误。"[39]

宇宙的确在不断地膨胀,但这膨胀的速度是否变化呢? 是加速膨胀还是减速膨胀? 这个问题关系到宇宙的历史和未来。用弗里德曼方程中的时间因子 $a(t)$ 来表示的话,宇宙膨胀说明 $a(t)$ 对时间的 1 阶导数不为零。加速膨胀还是减速膨胀的问题则与 $a(t)$ 对时间的 2 阶导数有关。对此,不同的学者有不同的看法和解释,这又导致了不同的宇宙演化模型。

1998 年,两个天文学研究小组对遥远星系中爆炸的超新星进行观测,发现它们的亮度比预期的要暗,即它们远离地球的速度比预期快。也就是说,从几十亿年前的某个时刻开始,宇宙的膨胀速度加快了,我们生活在一个加速膨胀的宇宙中。

新的观测结果使得人们将那个被爱因斯坦引入又摒弃了的宇宙常数"Λ 先生"请了回来。

不过,这次"Λ先生"的起死回生,与爱因斯坦当初的对错无关,也完全不是爱因斯坦先知先觉预言到的结果。因为实际上,物理学家们认为宇宙的加速膨胀是与宇宙中存在"暗能量"的事实有关。暗能量在引力场中起的作用,正好与爱因斯坦原来引进的Λ一项类似,因而才又把Λ一项加进了方程。暗能量的来源,则是量子场论所预测的真空涨落。而量子论,正是爱因斯坦一生中始终怀疑其完备性的理论。

2. 大爆炸模型

在1959年,有人对美国科学家做过一次调查,试探他们对当时物理学的理解。调查中有一道题目是:"你对宇宙的年龄有何想法?"超过2/3的人对这个问题的答案是"认为宇宙是永恒不变、始终如一的","没有开始没有结束,所以谈不上'年龄'的问题"。

就在5年之后,两位在美国新泽西贝尔实验室工作的科学家的意外发现改变了大多数科学家对这个问题的看法。

阿诺·彭齐亚斯(Arno Penzias,1933—)于1933年出生在德国的一个犹太家庭。正值纳粹开始当道的年代,所幸彭齐亚斯6岁时就被儿童救援行动组织送到了英国,翌年又和父母一同移居了美国,避免了经历这场战乱。之后,他毕业于纽约著名的布鲁克斯技术高中,在哥伦比亚大学获得博士学位,然后来到了新泽西霍姆代尔的贝尔实验室工作。

彭齐亚斯在那儿碰到了比他小3岁的合作者罗伯特·威尔逊

（Robert Wilson，1936—　）。1964 年，他们的合作项目是有关射电天文学和卫星通信实验。为了更好地接收从卫星返回的信号，他们在实验室附近的克劳福德山架设了一台新型的喇叭天线。当他们将天线对准天空方向检测噪声性能时，发现在波长为 7.35cm 的地方，一直有一个类似"噪声"的信号存在，这个额外的信号使得他们的天线的噪声比原来预期的数值增加了 100 倍。于是，他们彻底检查天线，清洗了上面的鸽子窝、鸟粪之类的脏物。然而，"噪声"信号依然存在(图 5-2-1)。并且奇怪的是，这种噪声与天气、季节、时间都无关，也与天线的方向无关。好像是某种充满天空的、顽固存在的神秘之光。

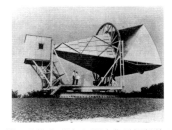

(a) 第一次接收到宇宙微波背景辐射的天线　　　　　(b) 微波背景辐射

图 5-2-1　微波背景辐射

两位科学家被他们接收到的神秘信号所困惑，猜测辐射可能是来自于银河系之外的其他什么星系。彭齐亚斯正好有个朋友在麻省理工学院物理系做教授，与他电话聊天时谈及普林斯顿大学几个天体物理学家之一（皮伯斯）在某讨论会上的一个发言。这几个人（迪克、皮伯斯、劳尔和威尔金森）研究的是被称为"大爆炸"的一种宇宙演化模型。根据这个理论，他们认为在现在的宇宙中应该充满着某种波长(几个厘米)的微波辐射。这种辐射无孔不入、无处不在,是很有可能被当时的无线电探测仪器接收到的。如果接收到了的话,会是对"大爆炸"理论的一个非常有力的证据。

知道了这个情况,彭齐亚斯和威尔逊的心情有些激动。听起来,他们所收到的频率大约 4080MHz 的"不明噪声"就非常符合普林斯顿科学家们所期望能探测到的微波辐射,难道我们真的在无意中发现了这么重要的宇宙学证据吗?

好在普林斯顿离霍姆代尔不远,坐汽车半小时就到了。电话联系之后,天文学家们很快便来到了贝尔实验室,考察喇叭天线观察接收到的"噪声"数据。经过一段时间的讨论、研究、分析的结果,结论使两个小组的人员都很兴奋,他们认为:这些信号的确是宇宙学家们所预言的"微波背景辐射",不是普通的噪声,而是大爆炸的余音!

之后,两个小组的两篇文章同时发表在《天体物理学报》的同一期上[40-41]。这是科学家第一次向人们宣布宇宙微波背景辐射(cosmic microwave background radiation,CMB)的发现,为此彭齐亚斯和威尔逊还一起获得了 1978 年的诺贝尔物理学奖。

后来,更多的天文观测资料支持了宇宙起源于"大爆炸"的学说。从 1959 年的调查到大多数人观点的转变,说明科学界对物理理论的认同是基于实验及观测事实的基础上,而不仅仅是数学理论模型。注意这里说的是"科学界的认同",与在普通大众中做的调查是两码事。

大爆炸学说的确是从理论模型开始的,最早提出它的还居然是一位天主教神父,也就是上一篇中提到过的比利时宇宙学家乔治·勒梅特。勒梅特在当神父的同时,也热衷于研究爱因斯坦的广义相对论及哈勃的观测数据。1931年,他从宇宙膨胀的结论出发,对广义相对论进行时间反演,认为膨胀的宇宙反演到过去应该是坍缩、再坍缩、……,一直到不能坍缩为止。那时宇宙中的所有质量都应该集中到一个几何尺寸很小的"原生原子"上,当今的时间和空间结构就是从这个"原生原子"产生的。

宇宙起源于大约138亿年前"奇点"的一次大爆炸?这听起来实在是匪夷所思。人们很自然地要问:如果认为宇宙有开始的话,那么在那之前又是什么呢?可能谁也无法回答这个问题。但也有人认为大爆炸之前可能是无数次的坍缩和膨胀的往复循环。各种猜测都有,但仅仅限于猜测。有什么能比宇宙起源的问题更能吸引人,又更能困扰人呢?事实上,无论科学家给出什么样的宇宙演化图景,都一定会使大众产生出没完没了的答复不了的更多问题。因为人类对宇宙还是如此地无知,在博大、浩瀚的宇宙面前,人类显得如此的渺小和幼稚。科学家们也不过是尽其所能来理解和解释这个世界而已。

当初,大爆炸不过是基于爱因斯坦的引力场方程,在弗里德曼假设的均匀各向同性条件下简化、倒推到时间的原点而得到的假说。但当得到越来越多的实验事实验证支持之后,假说就形成了科学理论。这本来就是人类认识大自然的无可非议的途径之一,并不保证该理论就会永远正确下去。科学精神绝不会排斥任何新的理论来取代旧有的理论,如果它能够解释更多的观测事实的话。科学史上的多次革命已经强有力地证明了这点。

哈勃定律证实了宇宙膨胀的事实后,有两种互相对立的解释。与勒梅特相对立的英国天文学家弗雷德·霍伊尔等人提出了一种稳态理论。有趣的是,霍伊尔在1949年3月的一期BBC广播节目中,将勒梅特的理论称做"大爆炸的观点",没想到这个当时颇带讽刺、攻击意味的名词,之后却成了勒梅特理论的标签。

大爆炸理论并不完善,但它是迄今为止仍能解释诸多天文现象而被物理学家、天文学家普遍接受的宇宙演化理论。如今的大多数物理学家都相信,大爆炸是能描述宇宙起源和演化最好的理论。

对科学界的人士来说,下面一个问题更具有实际的研究意义:大爆炸之后的宇宙是如何演化到现在这个阶段的?

物理学家乔治·伽莫夫(George Gamov,1904—1968),最早支持和完善了大爆炸学说。根据现有的宇宙理论,大爆炸之后的宇宙进化主要有 3 个阶段:极早期宇宙、早期宇宙、结构形成。伽莫夫当时提出的太初核合成过程,发生在大爆炸之后"早期宇宙"时段中的 3~20min 之间,见图 5-2-2(a)。

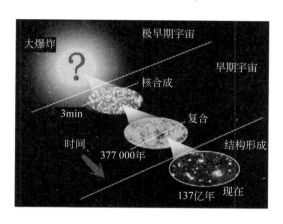

图 5-2-2　宇宙大爆炸模型

20 世纪 40 年代,伽莫夫与他的学生提出了热大爆炸宇宙学模型。当时,伽莫夫指派阿尔菲研究了大爆炸中元素合成的理论,在阿尔菲 1948 年提交的博士论文中,伽莫夫说服朋友汉斯·贝特把他的名字署在了论文上,又把自己的名字署在最后,这样,三个人名字:阿尔菲、贝特、伽莫夫的谐音恰好组成前三个希腊字母 α、β、γ。于是这份标志宇宙大爆炸模型的论文,在 1948 年 4 月 1 日愚人节那天发表,称为 αβγ 理论[42]。

根据热大爆炸宇宙模型,在极早期的宇宙,所有的物质都高度密集地集中在一个很小的范围内,温度极高,超过几十亿度。在大爆炸开始的最初 3min 内发生了些什么[43]?物质处于何种状态?其中不乏物理模型,但大多数属于猜测,是很难用实验和观测验证的。

大爆炸后的"极早期宇宙"阶段,对我们来说是难以想象的"短",大约只是最开始的 10^{-12} s。而在如此"转瞬即逝"的一刹那,物理学家们仍然大有文章可做,将这个阶段分成了许多更小的时间间隔。比如说,在最开始的 10^{-40} s,被物理学家们称为量子引力阶段。那时候的"世界"应该表现出显著的量子效应和巨大的引力。接着,宇宙进入暴胀时期:空间急剧变化、时空迅速拉伸、量子涨落也被极快速地放大,并产生出强度巨大的原初引力波。

2014 年 3 月 17 日,哈佛史密松天体物理中心的天文学家约翰·科瓦克博士等人宣布,他们利用设置在南极的 BICEP2 探测器研究宇宙微波背景辐射时,直接观测到了原初引力波的"印记"[44]。2014 年 10 月,又有了进一步的消息[45],但尚未最后证实。详情见本章第 4 节:探索引力波。

尽管与我们现实生活中的时间尺度比起来,10^{-12} s 很短,但对于光和引力波信号来说,还是能走过 $300\mu m$ 左右的距离。电子的经典半径的数值只有 10^{-15} m 的数量级,这段 $300\mu m$ 的短短距离中已经足以容得下约 1000 亿个电子。何况那时候连电子都还未能形成。所以,当我们算出了这些数据之后,多少也能对物理学家为什么要研究这"极早期宇宙"有了一点点理解。因为这段时间虽然极短,却也是包含了大量可研究内容的。

大爆炸模型中的时间尺度很有趣,在极早期宇宙阶段,讨论的尺度是如此之小,而在谈及宇宙的年龄(137 亿年)时,又是如此之大,大到连误差都是以亿年计算! 这个领域将物理学中极大(宇宙)和极小(基本粒子)的理论问题奇妙地融合在一起。

有很多方法来估计宇宙的年龄,图 5-2-3 中简略介绍了使用哈勃定律来计算宇宙年龄的过程。天文学中对宇宙年龄的计算涉及许多方面,从理论模型到观测资料的准确度,都会影响计算结果。从理论的角度看,宇宙年龄基本上是和哈勃参数成反比的。但是,哈勃参数如何随时间变化,就由所采用的理论模型而决定了。而某个时候的哈勃参数值,又与观测的技术水平有关。此外,宇宙的年龄计算还与星系、恒星,以及地球等星体年龄的计算结果有关。所以,它不是一个简单的问题。

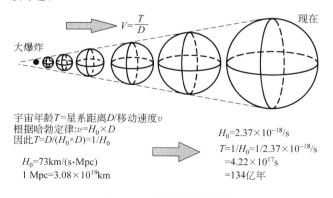

宇宙年龄 T=星系距离 D/移动速度 v
根据哈勃定律:$v = H_0 \times D$
因此 $T = D/(H_0 \times D) = 1/H_0$

$H_0 = 73\text{km}/(\text{s·Mpc})$
1 Mpc$=3.08 \times 10^{19}$km

$H_0 = 2.37 \times 10^{-18}/\text{s}$
$T = 1/H_0 = 1/2.37 \times 10^{-18}/\text{s}$
$= 4.22 \times 10^{17}\text{s}$
$= 134$亿年

图 5-2-3 宇宙年龄的估算

在"极早期宇宙",以及称为"早期宇宙"的第 2 阶段,都是量子物理大显身手的地方。特别如刚才所述,极早期宇宙时代,量子和引力,两个不怎么相容的理论碰到了一起。对那个阶段的研究,类似于对黑洞的研究,为量子引力研究开辟了一片天地。

遗憾的是,我们很难得到"极早期宇宙"传来的信息,因为大爆炸极早期的光波无法穿越稍后"混沌一团"的宇宙屏障。引力波倒是能够穿过,这也就是为什么刚才所说的 2014 年春天,哈佛科学家宣布收到"原生引力波"时科学界激动不已的原因。

所谓"早期宇宙"的时间段,就比"极早期宇宙"要长得多了,40 万年左右,它包括了"微波背景辐射"时期。比起人的寿命来说,40 万年很长很长了,但它却只大约是宇宙现在年龄(137 亿年)的 3 万分之一。所以,早期宇宙只算是宇宙的"孩童时代"。

3. 永不消失的电波

发生在大爆炸后的 30 万～40 万年的"微波背景辐射"阶段,是一段特别的时期。这段时期从两个方面影响了我们对宇宙早期历史的探索。

其一,在这段时间之前,物质以高温、高密的等离子体形式存在,天地混沌一片,星体尚未形成。光子、电子及其他粒子一起充满整个宇宙,是一片晦暗的迷雾状态。由于光子被粒子频繁散射,平均自由程很短,形成了一道厚实的屏障,宇宙显得不透明,使得更早时期(即大爆炸开始到 30 万年之间)的光无法穿透这段时空,因而使得人类对"微波背景辐射"之前——诸如暴胀过程等的研究造成了困难。

在另一方面,随着宇宙的膨胀,其温度不断降低。当宇宙年龄大到38万年时,温度降至3000K左右,等离子体中的自由电子逐渐被俘获,进入复合阶段。光子的平均自由程也逐渐增加,宇宙变得透明起来。光子被电子等粒子散射,形成了一种至今弥漫于宇宙中的背景电磁波,即我们现在称之为"3K微波背景"的电磁辐射。这种可以被观察、研究的大爆炸的"余晖"——"遗留辐射",已经成为我们研究早期宇宙、发展宇宙论的基础。

也就是说,宇宙长到40万年左右的那一段时间,正从孩童时代转型为成人。它既给我们提供了"微波背景辐射",让我们从中得以探索到那时候宇宙的种种形态,又以它不透明的身体,阻挡掩盖了更早期的宇宙,不让人们看到它更早时候"胚胎未成形"时的模样。

再后来,随着宇宙膨胀,温度逐渐下降,进入到"结构形成"阶段。从1亿5000万年到10亿年,是再电离期间,宇宙的大部分由等离子体组成。再后来,逐渐形成了恒星、行星、星系等天体,一直到我们现在看到的宇宙。

探测宇宙微波背景辐射,从中发现大爆炸的痕迹、宇宙演化的秘密,已经是现代天文学研究中最重要的实验手段。这是宇宙中最古老的光。这些永不消失的电波,合奏了137亿年——一首最宏伟的宇宙交响曲。然而,尽管我们跻身于这美妙无比的旋律中,但人类的感官——耳朵和眼睛,却无法听见和看到这些光,因为它们是在微波的范围中。

正如前面叙述的,新泽西贝尔实验室的两位科学家,在无意中偶然第一次接收到了这些信号。说是"偶然"也并不完全正确,因为从大爆炸的宇宙模型中，学者们早就预言了这种背景辐射的存在。接受探测、证实它们只是早晚的事情——看幸运之神敲在谁的脑门上而已。

不过，在 1965 年，彭齐亚斯和威尔逊的仪器"听"到的第一声背景辐射音乐还谈不上美妙，事实上它非常地单调。因为他们只探测到了一种频率，任何方向都一样的一种频率——他们的接收设备的"耳朵"太不灵光了，分辨不出其中所包含的美妙旋律！

如今，半个多世纪过去了，人类的技术越来越高超，还将探测设备从地面搬到了卫星上。

图 5-3-1 中显示了人类对微波背景辐射观察的进展。图中可见，1965 年的观察结果是均匀一片，表现了 CMB 辐射是各向同性的，并且对应的黑体辐射温度为 3K 左右，这为大爆炸假说提供了有力的证据。

1989 年，NASA 发射了宇宙背景探测者卫星（cosmis background explorer，COBE），图 5-3-1 中显示了 COBE 在 1992 年的探测结果。这是首次观察到 CMB 在大尺度上的各向异性，图中用不同颜色来表示这种只有十万分之一数量级的涨落。各向异性来源于大爆炸后宇宙能量密度不规律的起伏。之后，这些随机起伏像吹气球般胀大，最终才形成了今天我们看到的星系团。美国国家航天局的天体物理学家约翰·马瑟和加州伯克利大学教授乔治·斯穆特因领导了这项工作而共同获得了 2006 年的诺贝尔物理学奖。

科学家们发现，宇宙背景探测卫星从 CMB 中探测到的这些温度涨落，包含着宇宙大爆炸早期的丰富信息。因此，后来发射的威金森微波异向性探测器（Wilkinson microwave anisotropy probe，

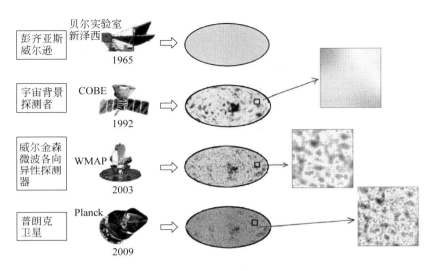

图 5-3-1　微波背景辐射观察的进展（彩图附后）

WMAP）卫星改进了设备，制作出了高分辨率的起伏图像，图中所示为 2003 年的结果。从最右边的图像可以看出，WMAP 比起 COBE 来说，"听"到的乐音又丰富多了。

　　你可能很难想象得到，从 CMB 的涨落可以检测、验证大爆炸模型中，极早期宇宙中开始于极早瞬间的暴胀模型"暴胀 Λ 冷暗物质模型"。因为暴胀模型可以预测涨落的统计性质，因而研究 CMB 全天图中不同区域的温度起伏，可反映出宇宙早期密度起伏的状况。因此，CMB 能显现早期宇宙的图像，是宇宙最大尺度的瞬间影像。

　　2010 年 10 月，WMAP 被移至一个以太阳为中心的"墓地"轨道，它的后续任务由 2009 年升空的普朗克卫星继续。

4. 探索引力波

牛顿的引力定律揭示了引力与物质的关系，而包括了万有引力的广义相对论则将引力与空间的弯曲性质联系起来。与电荷运动时会产生电磁波相类比，物质在运动、膨胀、收缩的过程中，也会在空间产生涟漪并沿时空传播到另一处，这便是引力波。理论上来说，根据广义相对论，任何作加速运动的物体，不是绝对球对称或轴对称的时空涨落，都能产生引力波。引力波存在的理论预言早在 1925 年[46]就被给出。但是，由于引力波携带的能量很小、强度很弱，物质对引力波的吸收效率又极低，一般物体产生的引力波，不可能在实验室被直接探测到。举例来说，地球绕太阳转动的系统产生的引力波辐射，整个功率大约只有 200W，而太阳电磁辐射的功率是它的 10^{22} 倍。200W！这是照亮一个房间的电灯泡的功率，可以想象散发到太阳—地球系统这样一个偌大的空间中，效果将如何？所以，地球-太阳体系发射的微小引力波完全无法被检测到。

实验室里探测不到，科学家们便把目光转向浩渺的宇宙。宇宙中存在质量巨大又非常密集的天体，超新星爆发、黑洞碰撞等产生强引力场的情况也时有发生，因而便有可能会发出能够被探测到的引力波。20 世纪 70 年代末，两位美国科学家因研究双星运动间接证实了引力波的存在，并因此而获得了 1993 年的诺贝尔物理学奖[47]。

除了黑洞和超新星之外，另外一个超强引力环境存在于大爆炸初期。

　　原来普遍使用的、不包括暴胀理论的大爆炸标准模型,不能与所有天文观测结果相吻合。1980 年,麻省理工学院科学家阿兰·古斯等人提出"宇宙暴胀理论",认为宇宙大爆炸后 10^{-35} s 左右,有一个急剧以指数膨胀的极短的"暴胀"阶段。在图 5-4-1(b)中,可以看到红线表示的标准模型与蓝线表示的暴胀理论之间的差别。

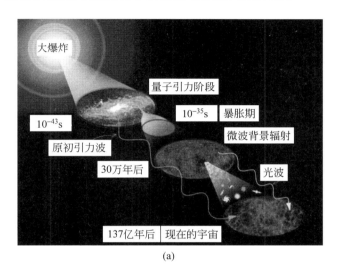

(a)

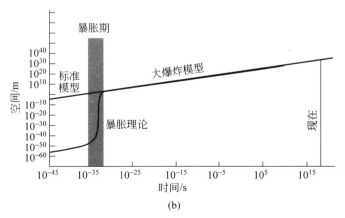

(b)

图 5-4-1　大爆炸模型（a）和暴胀理论（b）（彩图附后）

图 5-4-1(a)所示的是包括暴胀理论的大爆炸宇宙演化过程。因为大爆炸开始于空间范围极小的奇点,在最开始的 10^{-40} s 内,表现出显著的量子效应和巨大的引力,被称为"量子引力阶段"。然后,宇宙进入暴胀时期:空间急剧变化、时空迅速拉伸、量子涨落也被极快速地放大,因而产生出强度巨大的原初引力波。

大爆炸极早期的光波不能穿越"微波背景辐射"时期的宇宙屏障,但早年发出的引力波却能穿越它,并被叠加在电磁辐射之中。因此,科学家们便期望能够从如今观测到的微波背景辐射中,探测到宇宙暴胀阶段诞生的原初引力波。

哈佛大学在南极所设的 BICEP2 探测器便用来探测"微波背景辐射"。问题是:原初引力波经过微波背景辐射时,会留下什么样的脚印呢? 答案是:它会使得光(或电磁波)产生一种特殊的偏振图案。

科学家们根据理论上的预测和模拟,将微波背景辐射可能探测到的偏振图样分为两大类。一类是旋度为零、散度不为零的部分(类似于电场),称为"E 模";另一种是散度为零、旋度不为零的部分(类似于磁场),称为"B 模"。

E 模和 B 模的比较见图 5-4-2。两种偏振模式来源于不同的物理过程,取决于与电磁波相互作用的扰动类型,是标量、矢量,还是张量? E 模偏振是由光波被电子等粒子散射时产生的,属于标量或矢量的作用,早已被观测到。而 B 模偏振则是被原创时发出的引力波扰动留下的特殊印记,引力子的自旋为 2,它的印记属于张量作用下形成的一种螺旋式的特殊偏振图案。从图 5-4-2 可见,E 模没有手征性,B 模具有手征性,有左旋和右旋两种模式。从图 5-4-2 也可看到,

B 模偏振的分布图的确与放在磁场中铁屑的旋转排列方式非常
类似。

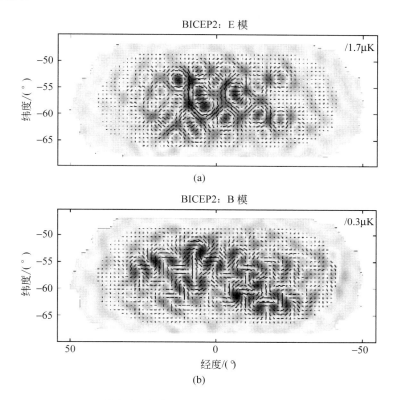

图 5-4-2　微波背景辐射中的 E 模偏振（a）和 B 模偏振（b）

　　换言之，E 模所探测到的是大爆炸后 30 万年时的宇宙混沌时
期，而 B 模所探测到的却是大爆炸之后 10^{-35} s 时的"暴胀"期。因而，
B 模才真正是宇宙诞生时的"余响"，是迄今为止直接探测到的来自
于创世之初的原始信息！如果能测量到原初引力波，意义非凡。首
先，这意味着科学家们可以通过它来进一步探测和理解早期未成形

的"胚胎宇宙"的物理演化过程,为宇宙模型提供新的证据,使大爆炸模型及暴胀理论有一个更为牢靠的基础。其二,过去的天文学基本上是使用光作为探测手段,如果现在能观测到引力波足迹的话,便多了一种探测方法,也许由此能开启一扇天文学观测方面新学科(引力波天文学)的大门。此外,大爆炸早期的宇宙模型、原初引力波的发射,都是建立在量子力学和广义相对论的基础上。如今探测到了原始引力波的信号,就能再次证明这两个理论的正确性,对基础物理学的研究也将意义重大。

CMB 中的 B 模偏振信号,即使被探测到也是非常微弱的。其实,微波背景辐射本身也是相当微弱的电磁信号。通常说的"3K"便包含了信号的强度以及频率的信息在内。3K 的意思是说:微波背景辐射大致相当于绝对温度为 3K 时的黑体辐射。这种辐射的频谱是在 300GHz 附近的微波范围,强度不过大约 10^{-17} W/(m² · Hz),是很微弱的信号,见图 5-4-3。

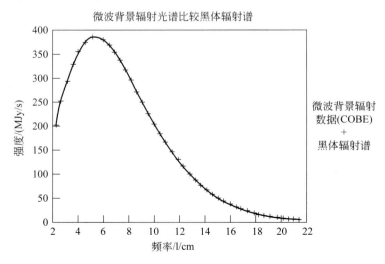

图 5-4-3　CMB 的黑体辐射光谱

B 模偏振信号又比微波背景信号的强度小了 7~8 个数量级,因而探测起来更是难上加难,犹如大海捞针! 加州理工大学已故的天体物理学家安德鲁·朗格便曾经将寻找 B 模偏振描述成"宇宙中最徒劳无益的追寻"。安德鲁·朗格曾经指导过许多研究微波背景辐射的学生,包括哈佛大学的约翰·科瓦克博士。正是安德鲁鼓励约翰参与南极 BICEP1 望远镜的安装与操作工作。后来,约翰成为 BICEP2 望远镜的首席科学家,并试图用它观察原初引力波,但遗憾的是,安德鲁却在 2010 年 53 岁时因抑郁症而自杀。约翰对记者说到安德鲁:"他如果看到我们的研究成果,一定会非常高兴,我们已经证明这不是徒劳无益的研究。"

5. 暗物质

曾几何时,我们认为我们已经发现了宇宙中所有的物质组成成分。它们的大名或被列在元素周期表上,或被列在基本粒子表中。然而,天文观测的最新结果给了我们当头一棒。根据普朗克卫星于 2013 年公布的资料,我们的宇宙中,只有很少的一小部分——大概 4.9% 左右,是常见的、熟悉的普通物质,有大约 1/4 (26.8%)是一种看不见、摸不着,至今尚未弄清楚的暗物质。更不可思议的是,其余的 68.3% 连物质都谈不上,是某种无孔不入无处不在的所谓"暗能量"(图 5-5-1)。

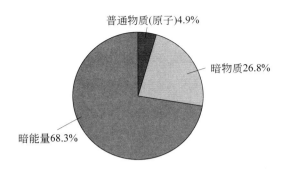

图 5-5-1　暗物质与暗能量占比

　　实际上,暗物质的说法并非现在才有。早在 1932 年,荷兰天文学家扬·奥尔特就已经提出来了。几十年前,宇宙学家们通过天文观测和理论研究发现,宇宙中除了普通物质之外还存在着一种看不见的物质。科学家们之所以将其称为"暗物质",就是因为它们看不见,不像普通物质那样能够对光波或者电磁波有所反应。我们平时所见的普通物质,无论藏身何处,灯光一照便现出原形。即使是普通的灯光照不见,人类还有紫外线、红外线、X 射线、伽马射线等各种频率的无线电波。但是,现在发现的暗物质似乎对这些"光"都是视而不见的,完全地无动于衷。

　　这时,你恐怕又会有疑问了。既然看不见,科学家们又如何知道它们确实存在呢? 那是因为它们虽然看不见但仍然具有"引力"作用,仍然符合广义相对论的预言,造成了时空的弯曲。奥尔特于 1932 年第一次发现他的天文观测结果与引力理论不符合时,就是根据观测结果计算出的引力大于理论值,好像是某些具有引力作用的物质"缺失"了。

　　暗物质存在的最有力证据是天文学家观测星系时发现的"星系

自转问题"。恒星或气体围绕星系的核心转动,对星系本身而言,叫做"星系自转"。根据引力理论,无论是牛顿引力或广义相对论,都可以预期在足够远的距离上,环绕星系中心天体的平均轨道速度应该与轨道至星系中心距离的平方根成反比(图 5-5-2)。但实际上的观测结果却不是如此。

(a) 美国天文学家薇拉·古柏·鲁宾

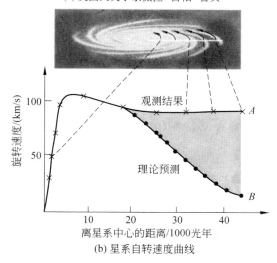

(b) 星系自转速度曲线

图 5-5-2 薇拉·古柏·鲁宾观察到星系自转问题

天文学家们一开始研究星系就遇到了物质"缺失"的问题。星系中有大量的恒星运动可供研究,比如说,仔细用望远镜观察我们所在的银河系,能看到几千亿颗恒星!难怪古人将它看成是一条流不尽的河流,只不过其中不是水分子,也不是牛奶,而是成万上亿颗星星!

为天体称重、估算星系的总质量是天文学家们经常喜欢玩的游戏之一。但怎样才能"称"出天体甚至是整个星系的重量来呢?方法之一就是研究星系的旋转。星系有点像是一个儿童游乐场里孩子们喜欢坐的旋转木马。想要维持旋转木马一定的转动速度,电力需要做功,消耗电力的多少是与坐在各个木马上面小孩的重量分布有关的。星系中物体运动的稳定性要靠引力来维持。星系中的恒星,距离星系中心的位置各有不同,它们绕星系中心旋转的速度也各不相同。恒星的运动速度可以根据人们在地球上观察这些恒星发出的光线的红移效应来测定。然后,可以将恒星的转动速度表示成恒星与星系中心距离的函数,这个函数曲线叫做星系的"自转曲线"。

薇拉·古柏·鲁宾(Vera-Cooper-Rubin,1928—)是犹太裔的美国天文学家,是研究星系自转速度曲线,继而发现暗物质存在证据的先驱。当薇拉还是一个小女孩的时候,就痴迷上了星星,立志研究天文,后来历经波折终于成为了一名天文学家。薇拉在攻读硕士学位期间有幸得到诺贝尔奖得主——理查德·费曼及贝特等人的指导;读博士期间,她又师从大爆炸宇宙论的奠基人之一——乔治·伽莫夫。这些经历使她在求学期间奠定了牢靠的理论基础,以及百折不挠、实事求是的科学态度。

薇拉后来成为了卡内基科学研究所地磁部的首位女研究员。在那里,她与一位电磁波仪器专家合作,进行了一系列重要的天文观测,特别是对仙女座中星体运动的观测引起了天文界的注意。

天文界同行希望他们的论文能立即发表。但有一个问题一直困扰着她和福特:他们的观测数据显示出一些与理论不符合的结果。

根据图 5-5-2(b)中所示的"理论预测"曲线,当恒星离星系中心距离比较大的时候,旋转速度随着距离的增大而减小,其原因是距离越远,引力越弱。如果恒星运动速度太大的话,引力不足以拉住跑得太快的恒星,无法将恒星保持在原来的轨道上,恒星便会飞出这个星系。但是,薇拉和福特的实验结果却是另外一条曲线,即图 5-5-2(b)中所示的"观察结果"曲线。也就是说,天文观测的结果显示,星系边缘的旋转速度并不随着离中心距离的增大而减小。后来,薇拉和福特又对其他星系进行了相似的观测,所有的数据都得到类似的结论。多次观测结果的一致,证实这其中一定有某种不为人知的新规律存在。这时,薇拉等人才写了一篇重要的文章,将观测结果公布于世。

从图 5-5-2(b)中两条曲线之间的差异可见,实际上远处恒星具有的速度要比理论预期值大很多。恒星的速度越大,拉住它所需的引力就越大,这更大的引力是哪里来的呢?

解决矛盾的方法有两个:一是修改引力理论,二是假设有某种额外的未知物质存在,提供了这部分额外的引力。修改引力理论不是不可以,而是没有找到一种更好的引力理论能够替代原来的万有引力定律和广义相对论,又能够解决所有新的问题。第二种解决方案实际上就是暗物质的设想。

支持暗物质存在的另一个有力证据,来自于下一节将要介绍的引力透镜。

6. 引力透镜

　　望远镜的发明对天文观测而言太重要了。没有高灵敏度的天文望远镜，人类不可能获得如此多的天文知识。人眼观测的范围极其有限，因而，可以毫不夸张地说，人类对宇宙的真正了解起于望远镜。如果你想要你的孩子学点天文，第一个要买的实验仪器就应该是望远镜。但是，在研究暗物质的热潮来临的同时，人们发现，大自然早就造好了许多望远镜。它们赫然挂在黑暗的天边，等待人类去学会使用它们。

　　光学望远镜的关键元件是透镜。透镜的原理是因为光线通过玻璃时产生折射而偏离直线路径弯曲所致。根据广义相对论，光线走过引力场附近时也会发生偏转，这样的话，在某种情况下，引力场就能够起到和光学透镜类似的作用，即产生"引力透镜"的效应。

　　引力透镜不同于光学望远镜中的透镜(图 5-6-1(a))。首先它不是用玻璃之类的光学材料做成的，而是用具有引力作用的"物质"构成的。第二个不同是它的大小，它完全不是那种我们能够拿在手上把玩或者是能够用机器加工出来的光学元件。引力透镜大到你难以想象的地步。比如说，充斥在银河系周围的暗物质晕就可以当作是引力透镜，它的范围从银河系中心算起为 100 000～300 000 光年。也就是说，这个"尺寸"之大，连光也得走 10 万到 30 万年！

　　引力透镜还有一个不同于光学透镜之处，即它不可能像人工加工的透镜那么"标准"。天文学家们观测到的经过了星系这个巨型透

图 5-6-1　引力透镜（a）和爱因斯坦环（b）

镜之后所成的像，一般都是变形、放大、扭曲了的。天文学家们需要根据这些影像，加上别的观测资料，还原出有用的信息来。

还是爱因斯坦本人最了解他的相对论。他在 1936 年就提出用恒星作为引力透镜的想法。但他同时又认为可能因为成像的角度太小而实际上无法观测到这种效应。但后来，有天文学家提出如果以星系作为透镜则存在能够被观测到的可能性。但真正证实了爱因斯坦想法的透镜观测结果的，是在他已经离世 20 多年之后的 1979 年的英国天文学家 Carswell。

如今，当暗物质和暗能量成为了 21 世纪初（这十几年）最大科学之谜的时候，引力透镜，这个大自然赐予人类的天然望远镜，成了引起众人瞩目的新型天文观测手段。它至少有两个方面的用途，下面分别讨论。

一是真正作为"望远镜"来使用，它能够使我们观测到非常遥远的星系。

为什么要观察很遥远的星系呢？因为观测更遥远的星系就等于

是观测更早期的宇宙图景。比如说，现在接收到的距离为 100 亿光年远的星系光，正是它在 100 亿年之前所发出的，也就是大爆炸之后 37 亿年左右发出来的光。那时候，星系正处在逐渐形成的阶段。这些早年的光通过引力透镜的放大作用被我们捕获到，这样就使得我们能够了解到早期星系形成和演化的过程。

在 2012 年初，芝加哥大学的天文学团队借助哈勃空间望远镜拍摄到了一个近 100 亿光年远的星系团的引力透镜影像（图 5-6-2），其中包括一条 90°左右的透镜弧。这个太空中的天然透镜，帮助哈勃望远镜扩展了它的观测距离。天文学家本来就是"眼光"看得最远的科学家，有了引力透镜，更是如虎添翼。现在，他们"一眼"看过去就是上亿光年。引力透镜使我们得以了解到，当宇宙只有大约现在 1/3 年龄时，星系是如何演化的。

图 5-6-2　RCS2 032727-132623 星系团的引力透镜影像

　　另外一方面,引力透镜是我们研究暗物质的重要方法。因为我们看不见暗物质,这些我们知之甚少的东西,仅仅通过"引力"效应这个唯一的手段与我们交流信息。为了这个目的,我们仍然需要使用光学望远镜在茫茫太空中寻找引力透镜的蛛丝马迹。找到了这些引力透镜形成的影像,再来考察这些引力透镜是否是由暗物质构成的,从而便可以研究它们,绘出它们在宇宙中的分布情况。换言之,我们用光学望远镜无法看到的暗物质,在引力透镜下却藏不住了,让人类抓住了它的尾巴!

　　从引力透镜暴露出的暗物质存在的证据有哪些? 图 5-6-1(b)中所示的爱因斯坦环便是一例。那张图中的圆环图像很清楚,大多数情形下,只能判断出一小段圆弧。或者是表现为"爱因斯坦十字"等特殊景象,请见图 5-6-3。

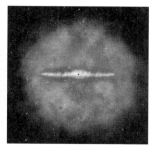

(a) 透镜圆弧　　　　(b) 爱因斯坦十字　　(c) 银河系的暗物质晕(灰色部分)

图 5-6-3　引力透镜和暗物质

　　图 5-6-3(c)是银河系暗物质晕的示意图。暗物质晕环绕在星系外围,如同太阳圈包围着太阳。目前认为银河系中恐怕有 95% 的质量都是由暗物质组成的,它们散布在星系的外围,却主宰着星系的动力学。有人认为遍布宇宙的暗物质是恒星和星系所赖以支撑的框

架。大爆炸之后,暗物质像框架一样把星系维系在一起。

利用引力透镜对遥远星系及暗物质的探索就像是一个精彩的侦探故事。对星系早期历史的了解帮助我们探索暗物质,对暗物质的分布情况又给予我们更多的线索知道星系的形成过程。就像是一只狐狸躲在洞里,开始时露出了一点点尾巴,被人轻轻拉一下便露出了更多,拉来拉去最后便拉出洞来原形毕露了,而洞中的详情也将暴露无遗。随着科学技术、探测手段的改善和发展,天文学中的暗物质、暗能量的探索已经成为近年来科学世界中异常活跃的领域。也许曙光就在眼前,正等待着年轻科学家们的积极参与。

目前人们已经有许多证据证实暗物质的存在,但它们到底是些什么?科学家们列举了很多可能组成暗物质的"候选者"。

实际上,暗物质中也可能有一部分是不发光也不吸收光,仅仅产生引力效应的普通物质,即质子、中子和电子。但经过研究可知,这些只能占其中的一小部分,约20%左右。这可能是哪些物体呢?比如说,褐矮星、白矮星、中子星、黑洞等。

暗物质的其他可能性,包括各种可能的中微子以及由粒子对称理论所预言的可能存在的其他粒子,或者是完全是我们知识之外的东西。

7. 暗能量

暗能量登上历史舞台的动力来源于我们观察到的宇宙加速膨胀的事实。2011 年的诺贝尔物理学奖颁发给了美国的三个天文学家:

索尔·珀尔马特、布莱恩·施密特与亚当·里斯,以表彰他们"透过观测遥远超新星而发现了宇宙加速膨胀"。

以上三个天文学家发现的是宇宙的"加速"膨胀,而第一个观察到宇宙在膨胀这件事情的是美国天文学家埃德温·哈勃。正是宇宙膨胀的事实引导科学家们提出了大爆炸的理论,才有了我们现在对宇宙进化过程的一系列图景。因而,哈勃是有足够的资格获得诺贝尔奖的。但是,在那个年代,天文学被诺贝尔奖委员会排除在物理学之外,而诺贝尔奖中又没有"天文"这个奖项。哈勃不幸于1953年64岁时死于心脏病。据说在他去世后不久,诺贝尔奖委员会改变了主意,决定将天体物理包括在物理学奖的范围之内。但对哈勃个人来说,已经为时已晚。所以,不是哈勃错过了诺贝尔奖,而是诺贝尔奖错过了哈勃。

后来,历史上第一次以天文学研究成果获得诺贝尔物理学奖的,是瑞典科学家阿尔文(Hannes Alfvén,1908—1995),他因为对宇宙磁流体动力学的建立和发展所做出的贡献而荣获1970年度诺贝尔物理学奖。

1919年,哈勃来到了南加州的威尔逊天文台,开始了他探索宇宙深处的天文生涯。他本是一个瘦高个、擅长运动的人,但作为一个科学家,他视他的天文观测数据如上帝一般,每次上观测台工作时都是西装革履、一丝不苟,穿得像个英国贵族一样。他操着一口牛津英语,经常含着一支烟斗,初见面的人以为他是一个英国绅士,其实他是一个土生土长的美国人,不过大战之前在英国学过好几年法律而已。总之,在哈勃的助手和研究生眼中,这是一个不带个人色彩、严谨冷漠的疯狂学者,也许这就正是他的个人色彩,也是他的个人魅力所在。

哈勃是第一个"望"到了银河系之外的人。当他初到威尔逊天文台时，当时的天文界权威得意地告诉他，他们已经估算出了银河系的大小，边界距离中心大约是 30 万光年左右。当时的大多数天文学家认为，这大概就是观测的极限，也差不多是宇宙的极限了。可哈勃根本不相信这种观点。几年后，他用威尔逊山上在当时是世界上最大的天文望远镜——100 英寸的胡克望远镜证实了银河系不过是宏大宇宙中的一颗小小的沙粒，除了银河系这个极其普通的成员之外，宇宙中还有好多好多类似的星系。当时的哈勃至少已经"看"到了距离银河系百万光年远的星系！

又过了几年，哈勃又有了新结果：所有的星系都在不停地互相远离。那情景有点像一颗炮弹爆炸时的情形，即所有的碎片向外飞奔。但炮弹碎片最终会因为地球的引力而掉落地面静止下来，可宇宙中的星系却是互相飞离得越来越远、越来越远……

哈勃用他那不带感情的机器般的声调向全世界宣布了他的观测结果。这个消息非同小可，甚至震惊了远在德国的爱因斯坦，因为哈勃的结果证明了一个膨胀的宇宙。这种宇宙图景本来是广义相对论可以预测的结果，但爱因斯坦在这一点上似乎少了点洞察力——他甚至还为了满足当时公认的静态宇宙图景而在他的方程式中加上了包括宇宙常数的一项。可是现在，哈勃的结果让他喜悦和羞愧掺半，有点不好意思面对。爱因斯坦既为自己的理论的成功而欢喜，又为自己"错误"地画蛇添足而难堪。无论如何，他很快宣布撤销他公式中的宇宙常数一项，以保英名。

1931 年，爱因斯坦正好有机会第二次到美国访问，那是在加利福尼亚州理工学院,离威尔逊天文台不远的地方。于是,在讲学之余,爱因斯坦马不停蹄地赶去见哈勃。图 5-7-1(a)中,一头乱发的爱因斯坦目不转睛地盯着望远镜,也不知道他从中看见了些什么。

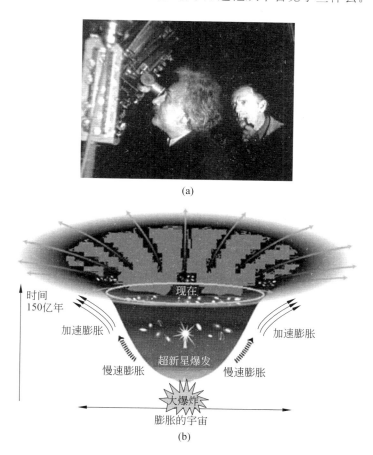

图 5-7-1   1931 年的爱因斯坦和哈勃（a）和加速膨胀的宇宙（b）

宇宙常数在引力场方程中起着什么作用呢？返回到本章开头的式(5-1-1)。爱因斯坦在这个公式中将宇宙常数一项放在等号左边,

但我们不妨把它移到等号右边。这样,方程变为

$$R_{\mu\nu} - \frac{1}{2} R g_{\mu\nu} = 8\pi G T_{\mu\nu} - \Lambda g_{\mu\nu}$$

现在,等号的右边有两项:原来的能量动量张量加上了宇宙常数一项。因为这一项的前面有个负号,如果宇宙常数为正值的话,它的作用便应该与原来的能量动量张量的作用相反。能动张量的作用是产生与万有引力等效的时空弯曲,而宇宙常数一项是负值,其效果便与原来正常物质产生的吸引力相反,在长距离时相当于某种排斥力的作用。因而,有时被称为"反引力"或"负压强"。爱因斯坦原来以为在引力的作用下,宇宙可能会因为互相吸引、坍缩而导致不稳定,因而才加上了这个大距离时的反引力来平衡它,以使宇宙成为一个不膨胀也不收缩的"稳态"。

但后来,弗里德曼等人证明了引力场方程的解本来就预示着宇宙是膨胀的,不需要加入多余的宇宙常数,而现在哈勃的观测结果也支持这个膨胀宇宙的理论,还要这个宇宙常数干什么呢? 爱因斯坦果断地把它扔进了垃圾箱!

后人继续了哈勃对宇宙膨胀的研究,天文学家们通过观察远处的星系来研究早期宇宙。观察远处的星系需要极为明亮的天象,超新星的爆发就能提供这种观测条件,从而于 20 世纪末诞生了超新星宇宙学。历史很快走到了 1998 年。一个到澳大利亚观测超新星的天文团队,以及美国加州伯克利国家实验室的一个超新星天文研究团队采用不同的观测方法,都根据他们各自的观测数据得出了宇宙正在加速膨胀的结论。如何解释这种"加速膨胀"呢? 天文学家提出了多种理论模型,暗能量的存在是其中之一,也是比较流行的一种。

但是,在解释为什么存在如此大比例的暗能量时,有人又想起了被爱因斯坦丢弃的宇宙常数。真是造化弄人,这垃圾箱里捡回来的似乎还挺好用,能够解释不少观测结果。

图 5-7-2(a)的数条曲线描述了宇宙常数 Λ 的数值对宇宙模型的影响。从中可以看出,宇宙常数 Λ 等于 0 时对应于那条紫色曲线。当时间从现在增大的时候,这条曲线增长越来越慢,表示宇宙的膨胀速度将减小。当 Λ 大于 0 时,宇宙有可能加速膨胀。

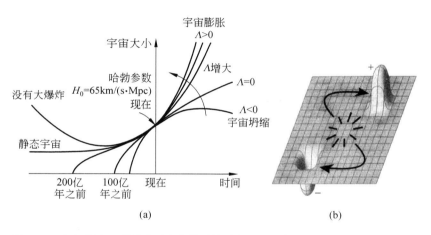

图 5-7-2　宇宙常数 Λ 的数值对宇宙模型的影响（a）和真空涨落（b）（彩图附后）

虽然根据爱因斯坦的质能关系式：$E = mc^2$,质量和能量可以看作是物质同一属性的两个方面,但它们在宇宙构造成分中的具体表现还是大不相同的。也就是说,暗物质和暗能量两个概念在本质上有所区别。

暗能量和暗物质的共同点是它们既不发光也不吸收光,两者都是只对引力起作用。然而,暗物质是引力自吸引式的,在这方面与普通物质类似;暗能量的作用却类似于长距离的自相排斥和空间扩展。

从这个意义上,它们的作用将互相制约而无法互相替代。另外,暗物质能够像普通物质一样成团分布,似乎是形成星系时的支撑框架;暗能量看起来在宇宙中却基本是均匀分布、无处不在、无孔不入的。

暗能量到底是什么样的一种能量?它是如何产生的?这种"排斥力"的本质是什么?它是否可以包括到现有理论的四种作用之中?还是属于它们之外的一种新的基本力?目前还无法明确地回答这些问题。有人猜测它实际上就是量子场论中所描述的真空涨落,但是计算的结果却并不完全支持这种解释,因为算出来的两者的数量级相差甚远。真空涨落要比暗能量大许多(10^{120})个数量级。因此,到此为止,我们只能说,尚无完美的理论能解释暗能量,天文学家和物理学家们仍在继续努力之中。

8. 路在何方?

谈到物理学史的时候,我们常常说到 20 世纪初物理学天空中的两朵乌云,一朵发展为量子力学,一朵发展成了相对论。一百多年来,这两个理论分别在理论物理学中的两个极端:微观世界和宇观世界中叱咤风云。然而,当它们碰到一起的时候,却显得水火不容,似乎弄得物理学家们哑口无言、手足无措。

历史总是呈现某种螺旋式的循环。有时候,事情转来转去又回到看起来非常古老的问题。如今我们碰到的问题是:世界是由什么构成的?一百多年前,人们就相信所有的物质都是由原子组成的,但那时候对原子结构的细节却还所知很少。直到 1911 年卢瑟福提出原子的行星模型,才使得人们能够在脑海中对原子勾画出一个具体、直观的图像。而近五六十年来粒子物理的发展,使我们了解到更深层的物质结构。粒子物理的标准模型告诉我们,我们能观察到的所有一切物质,包括地球、太阳、星星,都是由 12 种基本粒子组成的,其中包括 6 种夸克和 6 种轻子,可以将它们分成 4 个家族。

然而,近年来宇宙学的长足进展,又给理论物理学提出了许多新问题。特别是宇宙学家们对宇宙物质成分绝大部分是暗物质和暗能量的新看法,完全是标准模型未曾预料到的。物理学家们好像又回到了一百多年之前的困惑,不过这次面对的不是原子,而是暗物质和暗能量。这些奇怪的"暗货",占据了宇宙 96% 的成分,主宰了宇宙的动力学,关系着宇宙的过去和未来。物理学家接受它们的存在,却不知道它们究竟是什么。

科学的规律永远如此,任何时候都有数不清的疑问和困惑。正如人们所说的:疑问和困惑才能启发灵感,危机就是转机和生机。或许,暗物质和暗能量就是新时代天空中的两片乌云,它们有可能引发物理理论新的革命。当感觉"山穷水复疑无路"时,才有可能迎来"柳暗花明又一村"的景象。

也有学者认为,相对论和量子理论本来就只是 20 世纪尚未完成的物理学革命的第一步。从这两个理论的研究继而提出的"引力量子"统一理论才是 21 世纪物理学中真正的难题。只有彻底解决了这个问题,才能解决宇宙学中的暗物质和暗能量等问题,这似乎又有些类似于爱因斯坦后半生所追求的统一之梦。当然,此梦非彼梦,时间已经过去了大半个世纪,无论是在基础物理学的理论方面,还是在宇宙学、天文学的实验观测方面,都有了许多爱因斯坦无从预料的进展和结果。不过,追求统一理论的愿望是一致的。也许这是一个只能无限逼近,但却永不可及的遥远目标,是上帝精心策划的造物秘密之一,它让物理学家们前仆后继、孜孜以求、永不放弃,追寻那个渺茫又美丽的梦。不过,物理学家们心甘情愿、义不容辞,因为他们从寻梦中满足了自我,得到了无穷的乐趣。

物理学家们试图从不同的途径来迈向大统一之路,有的人从量子理论开始,想将相对论包括进来,这条路发展出了弦论;有的从广义相对论出发,想要将经典引力理论量子化,然后再修正量子理论;有的人则倾向于干脆放弃原来的两个理论,另辟蹊径。这么多条道路有时分道扬镳,有时又会聚在一起。无论走哪一条路,基本的要求是既要考虑爱因斯坦理论中"新颖的时空观",也得兼顾量子论中的"奇谈怪论";需要既是物质的理论,又是时空的理论;既能诠释微观粒子的运动,又能解释宇宙演化的历史;能够包罗各种理论,解释所有实验结果。这是一个艰巨的任务。

前进的方向很多,曙光也许就在前方。何时才能到达胜利的彼岸呢?这取决于年轻一代科学家的加入和努力。

附　　录

附录 A　伽利略变换和洛伦兹变换

　　我们生活在一个三维空间中,如果再加上时间,便成为四维,通常可以用直角坐标系 (x,y,z,t) 来表示。如果有两个相对作匀速直线运动的坐标系 (x,y,z,t) 和 (x',y',z',t')。为不失一般性,我们可以假设第二个坐标系相对于第一个坐标系在 x 方向上以速度 u 作匀速直线运动,如下面左图所示:

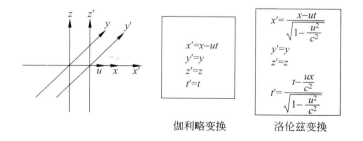

伽利略变换　　　洛伦兹变换

一个运动质点在两个坐标系中的位置和时间分别为(x,y,z,t)和(x',y',z',t')，这两组数值之间应该满足一定的变换关系，以使得物理定律在两个坐标系下具有相同的形式。

对牛顿定律而言，上面中间一图所示的伽利略变换就可以达到目的。但在相对论中，也就是速度u接近光速时，便需要代之以上面右边一图所示的洛伦兹变换。

狭义相对论基于光速不变的假设以及相对性原理而建立。洛伦兹变换可由上述两个原理推导出来。其推导过程请参考：吴大猷.理论物理第四册 相对论[M].北京：科学出版社，1983：22-24.

附录 B　张量

张量的概念是"标量"、"矢量"、"矩阵"概念的推广。标量也就是数量，或者可称为"0 阶张量"，由 1 个数值决定。矢量的概念最初来源于物理中的速度、加速度、力等，定义为既有大小、又有方向的物理量，也就是 1 阶张量。在我们的三维坐标空间中，矢量可以用 3 个数值来表示。三维空间的 2 阶张量，是一个 3×3 的矩阵，可用 9 个数来表示。

上面的定义可以推广到 n 维空间：0 阶张量是 n 维空间的标量，用 1 个数 a 表示；1 阶张量是 n 维空间的矢量，用 n 个数表示，即有 n 个分量，记作 a^i；2 阶张量是 n 维空间的方矩阵，有 n^2 个分量，记作 a^{ij}；m 阶张量则有 n^m 个分量，记作 $a^{ijk\cdots}$。

实际上，张量的定义除了分量的数目之外，在坐标变换下还需要以一定的规律变化。根据张量的变换规律,张量有协变、逆变、混合之分。我们在此不介绍太多,仅以矢量为例简单说明,有兴趣的读者可以参见相关文献。

如果某矢量的分量按照和协变坐标基矢 e_i 相同的变换规律"协调一致"地变换,这样的矢量叫做"协变矢量",指标写在下面,记为 V_i。如果某矢量的分量按照和坐标基矢 e_i 变换的"转置逆矩阵"的规律而变换,这样的矢量叫做"逆变矢量",指标写在上,记为 V^i。其他阶张量的指标也是按照类似的规律来分成"协变"或"逆变",从而决定该指标写在"下"或"上",具体请见维基百科[1]。

根据刚才所述的指标"上下"的约定,图 B-1 中所示的张量指标全部写在上面,因而都是逆变张量。举一个协变张量的例子:g_{ij} 两个指标都在下面,是一个 2 阶协变张量。此外,R^{ij}_{kl} 则是一个 4 阶的混合张量。

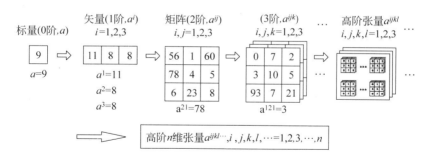

图 B-1　张量的坐标分量

实际上,将张量附上指标,用它的分量来描述是张量在一定坐标系下的表达式。张量本身是不以坐标系的选取而变化的。可以举一个二维位置矢量的例子来说明这点。

图 B-2(a)中所示的位置矢量 $\boldsymbol{R}$，也就是一个二维 1 阶张量，在坐标系(x,y)中表示为$(3,4)$，在旋转了 $28°$ 的坐标系(x',y')中则表示为$(4.3,2.5)$。

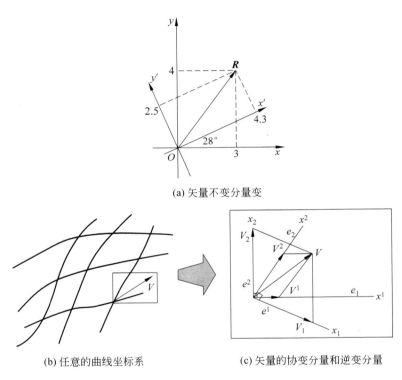

(a) 矢量不变分量变

(b) 任意的曲线坐标系   (c) 矢量的协变分量和逆变分量

图 B-2　任意坐标下的协变矢量和逆变矢量

从图 B-2(a)中可见，对同一个位置矢量 $\boldsymbol{R}$，不同的坐标系有不同的分量表达式。图 B-2(a)中所示的两个坐标系都是直角坐标系。但在二维平面中，除了使用直角坐标系，还可以用极坐标，或者是任意的曲线坐标，如图 B-2(b)所示。曲线坐标的情况下，情况便更复杂。同样一个矢量，即使对同一个坐标系，一个矢量可以用它的逆变分量表示,也可以用它的协变分量来表示。不过,对直角坐标系而言,逆变和协变分量的数值没有区别,但在曲线坐标情况下,两组分量便有所不同。图 B-2(c)给予协变矢量和逆变矢量直观的几何意义。同一个矢量 V,可以用对坐标平行投影的方法表示成逆变矢量分量 V^i,也可以用对垂直坐标投影的方法表示成协变矢量分量 V_i,即

$$V = V^i e_i = V_i e^i$$

这个表达式用了一个科学界常用的约定俗成的叫法,叫做"爱因斯坦约定"。它说的是:如果像在上面的式子中那样,指标 i 出现两次(一上一下),就是对指标的所有可能取值求和。

附录 C 度规张量

弧长是最基本的内蕴几何量。在欧几里得空间的直角坐标系中,很容易根据勾股定理计算一小段弧长,即弧长的微分。比如,二维直角坐系 (x,y) 中弧长微分的平方可以表示为

$$ds^2 = dx^2 + dy^2$$

推广到 n 维欧几里得空间的直角坐标系 $(x^1,x^2,\cdots,x^n)$,弧长微分的平方则为

$$ds^2 = (dx^1)^2 + (dx^2)^2 + \cdots + (dx^n)^2,$$ 仍然是坐标微分平方的简单求和。

然而,对于非直角坐标系,表达式可能就复杂了,比如说,在二维极坐标系 (r,θ) 中,

$$ds^2 = dr^2 + r^2 d\theta^2$$

推广到更为一般的情况,弧长微分的平方可以写成

$$ds^2 = \sum_{i,j=1}^{n} g_{ij}\,dx^i\,dx^j$$

式中的 g_{ij} 是一个 2 阶对称张量,称为"度规张量"。2 阶度规张量可以被理解为我们更为熟悉的方形"矩阵"。度规张量的对称性,是由它上述的定义所决定的。任何矩阵都可以分解成一个对称矩阵和一个反对称矩阵之和。根据以上度规的定义可知,g_{ij} 的反对称部分对 ds^2 的贡献为 0,所以,度规张量可以被认为是一个对称矩阵。

欧氏空间中的度规张量是正定的。相对论中使用的闵可夫斯基时空是欧氏空间的推广,闵氏空间仍然是平坦的,但度规不正定。矩阵为"正定"的意思可以理解为这个矩阵的所有特征值都是"正"的。欧氏空间度规的正定性意味着实际空间中的距离(弧长)的平方是一个正实数 $ds^2 = dx^2 + dy^2 + dz^2$。闵可夫斯基时空的度规仍然是对称的,但却不是正定的:$d\tau^2 = dt^2 - dx^2 - dy^2 - dz^2$,其度规的非正定性是因为混合了空间坐标和时间坐标。

附录 B 中所定义的矢量(或张量)的协变分量和逆变分量可以通过度规张量 g_{ij} 互相转换:

$$V_i = g_{ij} V^j$$

附录 D 协变导数

问题:如何对表达式(D-1)中的矢量场 V 求"导数"?

假设式(D-1)描述的是欧氏空间的一个矢量场 V,如果使用笛卡儿直角坐标系,基矢 e_a 是整个空间不变的,对 V 的导数只需要对分

量 V^{α} 求导就可以了,得到如公式(D-2)所示的结果。但是,对一般的流形,或者是平坦空间的曲线坐标(极坐标),坐标架和基矢 e_{α} 逐点变化时,对 $\boldsymbol{V}$ 的导数就还必须考虑 e_{α} 的导数。根据乘积求导的莱布尼茨法则,得到(D-3)。

$$\boldsymbol{V} = V^{\alpha} e_{\alpha} \tag{D-1}$$

$$\frac{\partial \boldsymbol{V}}{\partial x^{\beta}} = \frac{\partial V^{\alpha}}{\partial x^{\beta}} e_{\alpha} \tag{D-2}$$

$$\frac{\partial \boldsymbol{V}}{\partial x^{\beta}} = \frac{\partial V^{\alpha}}{\partial x^{\beta}} e_{\alpha} + V^{\alpha} \frac{\partial e_{\alpha}}{\partial x^{\beta}} \tag{D-3}$$

$$\frac{\partial e_{\alpha}}{\partial x^{\beta}} = \Gamma_{\alpha\beta}^{\mu} e_{\mu} \tag{D-4}$$

$$\Gamma_{\beta\mu}^{\gamma} = \frac{1}{2} g^{\alpha\gamma} \left(\frac{\partial g_{\alpha\beta}}{\partial x^{\mu}} + \frac{\partial g_{\alpha\mu}}{\partial x^{\beta}} - \frac{\partial g_{\beta\mu}}{\partial x^{\alpha}} \right) \tag{D-5}$$

一般来说,e_{α} 的导数也仍然是 e_{α} 的线性组合,将其系数记为 $\Gamma_{\alpha\beta}^{\mu}$,叫做克里斯托费尔符号,如式(D-4)所示。

度规张量 $g_{\alpha\beta}$ 实际上是坐标基矢 e_{α} 的内积:$g_{\alpha\beta} = e_{\alpha} \cdot e_{\beta}$。因此,由坐标基矢的导数定义的克里斯托费尔符号与度规张量以及度规张量的导数有关,见表达式(D-5)。

上面的公式中,式(D-3)比较式(D-2)而言,除了通常的对矢量分量 V^{α} 的微分之外,还多出了正比于矢量 V^{α} 的额外的一项。这一项反映了黎曼流形每一点的切空间上配备的度规张量的变化。这种加上包括克里斯托费尔符号的额外项一起定义的微分,叫做对矢量的协变微分,或者称之为共变导数。(注:"协变微分"中的"协变",与"协变矢量"中的"协变",完全是两码事。)

附录 E　质能关系简单推导

首先,在四维时空中,可以根据固有时 τ,定义一个协变的四维速度:

$$U=\begin{pmatrix}U^0\\U^1\\U^2\\U^3\end{pmatrix}=\begin{pmatrix}\gamma c\\\gamma v_x\\\gamma v_y\\\gamma v_z\end{pmatrix},\quad \text{其中 } \gamma=\frac{1}{\sqrt{1-\left(\dfrac{v}{2}\right)^2}},c\text{ 是真空中的光速。}$$

进而就有了协变的四维动量: $P=m\eta_{\mu\nu}U^\nu$。这里, $\eta_{\mu\nu}=(1,-1,-1,-1)$,为闵可夫斯基时空的度规张量。四维动量中的时间分量为

$$P_0=\frac{mc}{\sqrt{1-\left(\dfrac{v}{c}\right)^c}}\Rightarrow E=P_0c=\frac{mc^2}{\sqrt{1-\left(\dfrac{v}{c}\right)^2}}$$

爱因斯坦很快意识到这一项应该被理解为能量,因为当速度 v 大大小于光速 c 的时候,可以用平方根式的二项式展开而得到:

$$\frac{1}{\sqrt{1-\left(\dfrac{v}{c}\right)^2}}\sim 1+\frac{1}{2}\left(\frac{v}{c}\right)^2\Rightarrow E=mc^2+\frac{1}{2}mv^2$$

E 中包含了两部分,后面一项显然是牛顿力学中质量为 m 的粒子的动能表达式,而第一项则可看成是粒子内部的能量。当速度 $v=0$ 时,便得到: $E=mc^2$,即众所周知的质能关系。

附录 F　用飞船 1 号的坐标系解释双生子佯谬

双生子佯谬问题可以在三个惯性坐标系(地球、飞船 1 号、飞船 2 号)下分析而得到相同的结果,见图 F-1。

刘地所在的地球可以认为是惯性参考系,刘地的世界线总是一条直线,而刘天的运动分别属于飞船 1 号和飞船 2 号的两个惯性系,所以刘天的世界线总是由两段折线组成,在三种情形下都是如此。而刘天的年龄则可以算出两段折线的固有时长度后,再相加即可得到。

这里使用飞船 1 号的匀速运动参考系来解释这个佯谬,如图 F-1(b)所示。相对于这个参考系,地球以 $0.75c$ 的速度向左一直作匀速运动,因而刘地的世界线是从出发点向左上方的那条斜线 OD,其固有时长度为 60 年。刘天开始的一段世界线是垂直向上的 OB,这段飞船 1 号上的固有时间是 20 年。然后,刘天去到飞船 2 号,飞船 2 号相对于飞船 1 号是向左运动的,对应的那段世界线是 BD。20 年再加上 BD 的固有时长度,便是刘天的年龄。

如何计算刘天的 BD 这段世界线的长度呢?我们首先计算当地球上过了 60 年的时候,飞船 1 号上的时间过了多少年,也就是计算图 F-1(b)中的 T_1 是多少。根据前面分析过的"同时性",飞船 1 号的宇航员认为他自己的时间要比地球上过得快,比例是 2∶3。现在是在他的参考系中,那么他认为,如果地球上过了 60 年的时候,他应该已经过了 $60 \times 3/2 = 90$ 年,即 $T_1 = 90$ 年。

然后,可以根据闵可夫斯基时空中的几何,算出 BD 的长度:

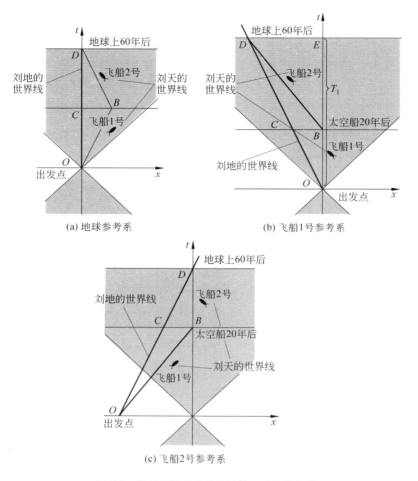

(a) 地球参考系　　　　　　(b) 飞船1号参考系

(c) 飞船2号参考系

图 F-1　使用不同的参考系计算双生子的年龄

$$BD^2 = BE^2 - DE^2 = (OE - OB)^2 - (OE^2 - OD^2)$$

$$= (90 - 20)^2 - (90^2 - 60^2) = 400$$

$$BD = 20。$$

因此,刘天的第二段固有时也等于 20 年,刘天的年龄便为 40 岁。

参 考 文 献

[1] Goldstein，Bernard R. The Arabic version of Ptolemy's planetary hypothesis[J]. Transactions of the American Philosophical Society，1967，57(4)：6.

[2] Dreyer J L E. A History of Astronomy from Thales to Kepler[M]. New York：Dover Publications，1953：372.

[3] Jourdain Philip. The principle of least action[M]. Chicago ：Open Court Publishing Company，1913：54.

[4] David J Griffiths. Introduction to electrodynamics[M]. 3rd ed. Upper Saddle River ：Prentice Hall. 1999：559-562.

[5] Kosmann-Schwarzbach，Yvette. The Noether theorems：Invariance and conservation laws in the twentieth century [M]. New York：Springer-Verlag. 2010.

[6] 张天蓉.世纪幽灵-走近量子纠缠[M].合肥：中国科技大学出版社，2013：1-5.

[7]　张天蓉. 蝴蝶效应之谜-走近分形与混沌[M]. 北京：清华大学出版社，2013：33-66.

[8]　Livingston D M. The Master of Light: A Biography of Albert A Michelson [M]. New York: Scribner ,1973.

[9]　Lorentz，Hendrik Antoon. Simplified Theory of Electrical and Optical Phenomena in Moving Systems [J]. Proceedings of the Royal Netherlands Academy of Arts and Sciences ,1899(1)：427-442.

[10]　Lorentz，Hendrik Antoon. Electromagnetic phenomena in a system moving with any velocity smaller than that of light [J]. Proceedings of the Royal Netherlands Academy of Arts and Sciences. 1904(6)：809-831.

[11]　Poincaré，Henri. On the Dynamics of the Electron(English translation) [OL]. http://www. phys. lsu. edu /mog /100 /poincare. pdf

[12]　Albert Einstein. On the Electrodynamics of Moving Bodies (English translation by Megh Nad Saha) [J] . The principle of relativity,1920：1-34.

[13]　Maurice A. Finocchiaro，Retrying Galileo. 1633-1992 [M]. Oakland: University of California Press，2007：104.

[14]　Stephen Inwood. The Man Who Knew Too Much [M]. London: Pan Books，2002.

[15]　Albert Einstein. On a Heuristic Point of View about the Creation and Conversion of Light. Translated by Dirk ter Haar[OL]. http://users. physik. fu-berlin. de /∼kleinert /files /eins_lq. pdf

[16]　Heath Thomas L. The Thirteen Books of Euclid's Elements[M]. 2nd ed. New York: Dover Publications ,1956.

[17]　欧几里得. 几何原本[M]. 徐光启,译. 四库全书,1607.

[18]　Roberto Bonola. Non-Euclidean Geometry [M]. New York: Dover

Publications Inc. 1958.

[19] Martin Gardner. Non-Euclidean Geometry [M]. New York: W. W. Norton & Company, 2001.

[20] Faber Richard L. Foundations of Euclidean and Non-Euclidean Geometry [M]. New York: Marcel Dekker,1983: 162.

[21] Karl Friedrich Gauss, James Caddall Morehead. General Investigations of Curved Surfaces of 1827 and 1825 [M/OL]. Charleston: Nabu Press. 2010. http://www. gutenberg. org /files /36856 /36856-pdf. pdf.

[22] O'Connor J J, Robertson E F . Alexis Claude Clairaut [OL]. School of Mathematics and Statistics, University of St Andrews, Scotland. Retrieved 2009. http://www-groups. dcs. st-and. ac. uk /~ history / Biographies /Clairaut. html.

[23] Carl Friedrich Gauss. General Investigations of Curved Surfaces Unabridged[M]. Palm Springs: Wexford College Press, 2007: 1-43.

[24] Bernhard Riemann. On the Hypotheses which lie at the Bases of Geometry (translated by William Kingdon Clifford) [J /OL]. Nature, 1998. VIII. 14-17, 36, 37, 183, 184. http://www. emis. de /classics /Riemann / WKCGeom. pdf.

[25] Yvonne Choquet-Bruhat ,Cecile DeWitt-Morette. Analysis, manifolds and physics. Part I: Basics [M]. Amsterdam : North Holland, 1982: 300-328.

[26] William G. Unruh: Notes on Black Hole Evaporation[J]. Phys. Rev. 1976(14): 870.

[27] Wikipedia. Bell's spaceship paradox [OL]. 2014. http://en. wikipedia. org /wiki /Bell's_spaceship_paradox.

[28] Poincaré H. On the Dynamics of the Electron [OL]. 2014. http://en.

wikisource. org /wiki /Translation：On_the_Dynamics_of_the_Electron_ (July).

[29] Charles Misner，Kip Thorne，John Wheeler. Gravitation［M］. San Francisco ：W H Freeman Company. 1973.

[30] Hawking S W. Black hole explosions?［J］. Nature，1974,248(5443)： 30-31.

[31] Hawking S W. Information Preservation and Weather Forecasting for Black Holes［OL］. 2014. http：//arxiv. org /abs /1401. 5761.

[32] Wheeler John A. A Journey Into Gravity and Spacetime（Scientific American Library)［M］. San Francisco：W. H. Freeman，1990,xi.

[33] Almheiri A，Marolf D，Polchinski J，et al. Black Holes： Complementarity or Firewalls?［J］. J. High Energy Phys. 2013：2062.

[34] Albert Einstein. Kosmologische Betrachtungen zur allgemeinen Relativitä-tstheorie（Cosmological Considerations in the General Theory of Relativity）［J］. Koniglich Preu ische Akademie der Wissenschaften，Sitzungsberichte. 1917：142-152.

[35] Albert Einstein . The collected papers of Albert Einstein(Alfred Engel，translator)［M］. Princeton：Princeton University Press ，1996：543-551.

[36] Friedman A. Über die Krümmung des Raumes［J］. Z. Phys.（in German），1922,10(1)：377-386.

[37] Friedman A. On the Curvature of Space［J］. General Relativity and Gravitation，1999,31(12)：1991-2000.

[38] Hubble，Edwin. A Relation between Distance and Radial Velocity among Extra-Galactic Nebulae［J］. Proceedings of the National Academy of Sciences of the United States of America，1929，15(3)：168-173.

[39] Gamow G . My World Line - An Informal Autobiography［M］. New

York: Viking Press, 1970: 44.

[40] Dicke R H, Peebles P J E, Roll P J, et al. Cosmic Black-Body Radiation [J]. Astrophysical Journal , 1965(142): 414-419.

[41] Penzias A A, Wilson R W. A Measurement of Excess Antenna Temperature at 4080 Mc/s [J]. Astrophysical Journal , 1965(142): 419-421.

[42] Alpher R A, Bethe H, Gamow G. The Origin of Chemical Elements [J]. Physical Review , 1948,73(7): 803-804.

[43] Steven Weinberg. The First Three Minutes: A Modern View of the Origin of the Universe [M]. New York : Basic Books,1977: 77-149.

[44] The BICEP2 Collaboration. Detection of B-mode Polarization at Degree Angular Scales by BICEP2[J]. Phys. Rev. Lett. 2014(112): 241101.

[45] The Polarbear Collaboration. A Measurement of the Cosmic Microwave Background B-Mode Polarization Power Spectrum at Sub-Degree Scales with POLARBEAR[J]. The Astrophysical Journal , 2014(794): 171.

[46] Brinkmann H W. Einstein spaces which are mapped conformally on each other[J]. Math. Ann, 1925(18): 119.

[47] Hulse R A, Taylor J H . Discovery of a Pulsar in a Binary System[J]. Ap. J. 1975(L51): 195.

[48] 伦纳德·萨斯坎德. 黑洞战争[M]. 李新洲,等,译. 长沙：湖南科技出版社,2010: 271-388.

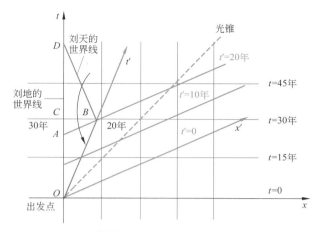

双胞胎中的每一个都认为对方的时钟更慢

图 3-2-1 地球惯性系（黑色直角坐标）和飞船 1 号惯性系
（红色斜交坐标）中同时的相对性

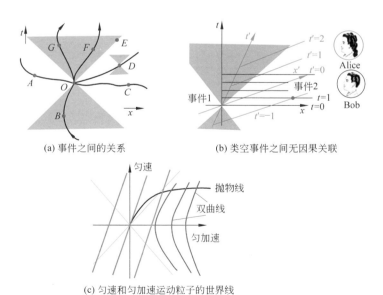

(a) 事件之间的关系

(b) 类空事件之间无因果关联

(c) 匀速和匀加速运动粒子的世界线

图 3-4-2 二维闵可夫斯基时空中事件之间的关系

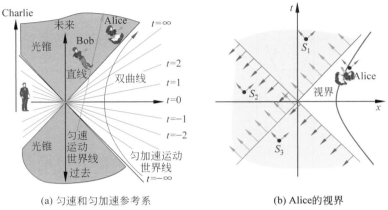

(a) 匀速和匀加速参考系

(b) Alice的视界

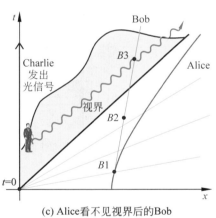

(c) Alice看不见视界后的Bob

图 3-5-1　匀速运动参考系和匀加速运动参考系

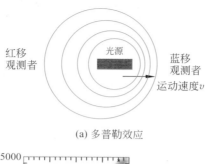

(a) 多普勒效应

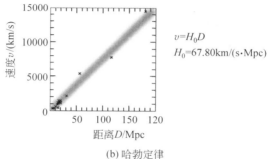

$$v = H_0 D$$
$$H_0 = 67.80 \text{km}/(\text{s} \cdot \text{Mpc})$$

(b) 哈勃定律

图 5-1-1　多普勒效应和哈勃定律

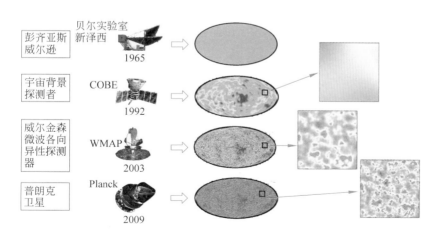

图 5-3-1　微波背景辐射观察的进展

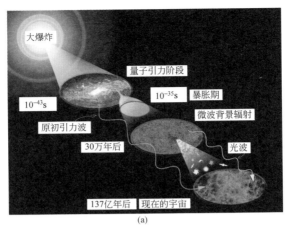

(a)

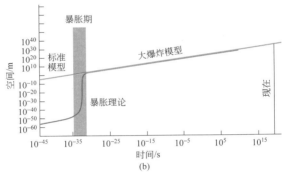

(b)

图 5-4-1　大爆炸模型（a）和暴胀理论（b）

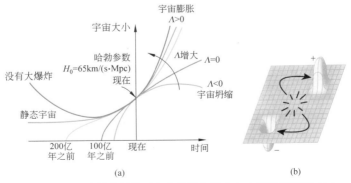

(a)　　　　　　　　　　　　　　(b)

图 5-7-2　宇宙常数的数值对宇宙模型的影响（a）和真空涨落（b）